管道直饮水系统

设计 · 控制 · 运行 · 管理

黄水木 主编

GUANDAO
ZHIYINSHUI XITONG
SHEJI KONGZHI YUNXING GUANLI

化学工业出版社

· 北京 ·

内容简介

本书以管道直饮水为主线，主要介绍了管道直饮水的概念、标准、制备工艺、设计、控制和运行管理技术以及工程实践。全书共分6章，其中第1章主要介绍饮水的重要性、城镇常规供水方式及其弊端、管道直饮水概述、饮用水标准、国内外相关技术发展状况与趋势；第2章着重介绍管道直饮水的预处理、膜分离以及强化消毒技术；第3～第5章着重介绍管道直饮水系统的设计、控制技术、运行维护和管理；第6章总结管道直饮水在住宅小区、商业街、学校、宾馆及办公楼等场所的工程实践经验。

本书具有较强的技术应用性和针对性，可供从事管道直饮水系统设计、控制、运行、管理等工程技术人员、科研人员和管理人员参考，也可供高等学校市政工程、环境科学与工程等相关专业师生参阅。

图书在版编目（CIP）数据

管道直饮水系统：设计·控制·运行·管理 / 黄水木
主编. —北京：化学工业出版社，2022.5（2023.11重印）
　ISBN 978-7-122-40930-0

　Ⅰ. ①管… Ⅱ. ①黄… Ⅲ. ①饮用水-给水系统 Ⅳ.
①TU821

中国版本图书馆 CIP 数据核字（2022）第 041565 号

责任编辑：刘兴春　刘　婧
文字编辑：王云霞
责任校对：杜杏然
装帧设计：刘丽华

出版发行：化学工业出版社
　　　　　（北京市东城区青年湖南街 13 号　邮政编码 100011）
印　　装：北京盛通数码印刷有限公司
787mm×1092mm　1/16　印张 13¾　字数 285 千字
2023 年 11 月北京第 1 版第 3 次印刷

购书咨询：010-64518888
售后服务：010-64518899
网　　址：http://www.cip.com.cn

前言

饮用水安全事关人体健康和人民幸福生活，确保饮用水安全是经济可持续发展和社会持久稳定的头等大事。我国绝大多数城镇以河流或水库水作为饮用水源，但近年来地表水污染问题日益显著，地表水污染引起饮用水源水质达标率下降的问题时有发生，并且现有城镇饮用水常规制水工艺不能有效去除有机微污染及重金属微污染，不能确保制备的饮用水长期稳定达标；另外，部分自来水厂处理工艺相对落后及设备老化问题较突出，供水管网老化以及二次供水产生的二次污染问题不容忽视，影响了用户端饮用水水质；再则，随着生活水平的提高，人们不仅期望水质长期稳定达标，还对饮用水的口感等品质有了新的要求，期望提供洁净、健康的直饮水的呼声越来越大。自从 1996 年上海率先在锦华小区建成第一个管道直饮水系统后，管道直饮水系统犹如雨后春笋，迅速在北京、深圳、广州、包头等城市相继发展起来，成了未来居民饮用水发展的必然趋势。管道直饮水，不仅可以满足人们对健康饮水日益增长的需求，还可以节约有限的资源与能源，较好地解决了当下自来水高质低用和低质高用的矛盾。但目前对直饮水系统的设计规范、控制措施和运营管理等要求缺乏统一认识，不利于直饮水系统的大范围推广。为此，编者根据 20 多年来在广东益民环保科技股份有限公司从事管道直饮水系统的设计、建设和运营管理方面的实践经验，就管道直饮水系统的设计、控制、运行与管理方法进行了归纳和总结，编写了此书。

本书系统阐述管道直饮水的概念、标准、制备工艺、设计、控制和运行管理技术以及工程实践。全书共分 6 章：第 1 章"绪论"，主要介绍了饮水的重要性、城镇常规供水方式及其弊端、管道直饮水概述、饮用水标准、国内外管道直饮水的发展状况与趋势；第 2 章"管道直饮水的制备技术"，着重介绍管道直饮水的预处理技术、膜分离技术以及强化消毒技术；第 3 章"管道直饮水系统的设计"，着重介绍管道直饮水的设计要求、工艺设计、管网设计及管材选型、设计计算及设备选型；第 4 章"管道直饮水系统的控制技术"，主要介绍管道直饮水控制系统的功能与组成、设计与编程、直饮水智慧水务、配置要求、操作程序及维护等；第 5 章"管道直饮水系统的运行维护和管理"，主要介绍管道直饮水系统运行维护和管理的一般规定、管网及设施维护、水质监测与管理等；第 6 章"管道直饮水系统的工程实践"，着重总结直饮水在住宅小区、商业街、学校、宾馆及办公楼等功能区的工程实践经验。

本书以饮用水深度净化与消毒理论和方法为基础，注重应用实践，同时注重内容的先进性和实用性，书后附有生活饮用水卫生标准、饮用净水水质标准和建筑与小区管道直饮水系统技术规程，便于读者参考。

本书由黄水木主编，具体编写分工如下：第1章由黄水木编写；第2章、第3章由蒋娜莎编写；第4章由赵英桃编写；第5章由蒋娜莎、周建雄、姚祖明编写；第6章由黄水木、赵英桃、俞军令、卜冬玖编写。全书由暨南大学金腊华教授审稿，并由黄水木统稿并定稿。

限于编者水平和编写时间，书中难免有疏漏及不足之处，敬请读者批评指正。

编　者

2021 年 6 月

目录

第 2 章
管道直饮水的制备技术

第 3 章
管道直饮水系统的设计

第 4 章
管道直饮水系统的控制技术

第 5 章
管道直饮水系统的运行维护和管理

第 6 章
管道直饮水系统的工程实践

附　录

第①章

绪 论

本章主要介绍饮水的重要性、城镇常规供水方式及其弊端、管道直饮水概述、饮用水标准以及国内外有关管道直饮水的发展状况与趋势。

1.1

背景介绍

1.1.1　饮水的重要性

水是地球上最常见的物质之一，是包括人类在内的所有生命生存的重要资源，也是生物体最重要的组成部分。据测定，人体是由水、蛋白质、脂肪、糖类、无机盐和维生素 6 大类营养素构成的，其中水的含量最多：成人含水量占体重的百分比约为 65%～70%，儿童含水量占比约为 75%，而婴儿含水量占比可高达 80%。

水在生命演化中起到了重要作用，水在人体中的主要功能有以下 4 个方面。

① 作为溶剂，可溶解体内的多种物质，使其保持一定的浓度，使营养素进入细胞并便于吸收，同时使代谢产物随体液带至排泄器官而排出体外；

② 调节体温，因为血液中含有大量的水分，可吸收体内新产生的热量，并随血液循环来调节体温；

③ 水作为液体可输送糖类、蛋白质、脂肪、维生素等营养物质到身体各部位；

④ 水作为器官、关节及肌肉的润滑剂。

由此可见，水对人体健康产生直接影响，人每日都必须饮用一定量的水，才能维持生命活动。但是，人们必须饮用洁净的水，才能保证水在人体中发挥功能。

1.1.2　城镇常规供水方式

我国城镇供水目前一般采用集中式供水方式，其过程是：首先，从水源取水并提升到自来水厂；其次，经过水厂净水处理，去除原水中包含的悬浮物质、胶体物质、细菌及其他有害成分，使净化后的水质能满足生活饮用的需要；最后，通过输水管网将饮用水输送到用户。

可将城镇供水系统划分为取水、制水和输水三部分。

1.1.2.1　取水

取水部分的功能就是从水源（河流、水库、湖泊、地下水等）抽取水源水，要保证抽取足够量的水源水，同时要避免粗大的悬浮物进入水厂。为了保护水源水质，一般将取水口附近一定范围设置为饮用水源一级保护区，在此保护区范围内禁止任何污染水源水的行为。

1.1.2.2 制水

制水部分就是采用常规水处理工艺,对水源水进行净化处理,使净化后的出水水质满足《生活饮用水卫生标准》(GB 5749—2006)要求。

自来水厂常规净水过程包括混凝、沉淀、过滤及消毒等,其主要工艺流程如图1-1所示。

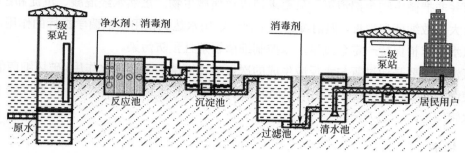

图1-1 城镇自来水厂常规净水工艺流程示意

(1)混凝处理

原水经取水泵房提升到自来水厂后,首先要投加絮凝剂,进行混凝处理。絮凝剂与原水均匀混合后,形成大颗粒絮凝体,目的在于改善原水中细小颗粒物的沉降性能,提高下一步的沉降效果。

常用的絮凝剂有聚合氯化铝、硫酸铝、三氯化铁等。根据铝元素的化学性质可知,投入药剂后水中存在电离出来的铝离子,它与水分子存在以下可逆反应:

$$Al^{3+} + 3H_2O \Longleftrightarrow Al(OH)_3 + 3H^+ \tag{1-1}$$

其中的氢氧化铝具有吸附作用,可把水中不易沉淀的胶粒及微小悬浮物脱稳、相互聚结,再被吸附架桥,从而形成较大的絮粒,以利于从水中分离、沉降下来。

混合过程要求在加药后迅速完成,一般是通过水力、机械的剧烈搅拌,使药剂迅速均匀地分散于水中。

经混凝反应的水通过管道流入沉淀池,进入沉淀处理环节。

(2)沉淀处理

把混凝阶段形成的絮状体依靠重力作用从水中分离出来的过程称为沉淀,这个过程在沉淀池中进行。水流入沉淀区后,沿水区整个截面进行分配,进入沉淀区,然后缓慢地流向出口区。经过混凝沉淀处理后,原水中的细小颗粒基本被去除,沉淀出水汇集后流入过滤池,进行过滤处理。

沉淀池沉降的颗粒沉于池底,污泥不断堆积并浓缩,定期排出池外。

(3)过滤处理

过滤一般是指以石英砂等有空隙的粒状滤料层通过黏附作用截留水中悬浮颗粒,从而进一步除去水中细小悬浮杂质、有机物、细菌、病毒等使水澄清的过程。

为了应对有机微污染,提高自来水水质达标保证率,有些城镇自来水厂在石英砂过滤后，增加活性炭吸附过滤处理，出水水质更佳。

（4）消毒处理

经过滤后，水的浊度进一步降低，同时残留细菌、病毒等失去浑浊物保护或依附，为滤后消毒创造了良好条件。

消毒并非把微生物全部消灭，只要求消灭致病微生物。虽然水经混凝、沉淀和过滤，可以除去大多数细菌和病毒，但消毒起到了保证饮用水达到饮用水细菌学指标的作用，同时使供水水管末梢保持一定余氯量，以控制细菌繁殖且预防污染。

加氯消毒主要是通过氯与水反应生成的次氯酸在细菌内部起氧化作用，破坏细菌的酶系统而使细菌死亡。消毒后的水由清水池经送水泵房提升达到一定的水压，再通过输水管网、配水管网送给千家万户。

1.1.2.3　输水

自来水厂制备的饮用水是通过加压泵站输送到供水管网，经供水管网输送到各住宅区。由于绝大多数住宅区有高层住宅楼，往往需要设置储水池和二次加压泵站，通过二次加压才能把饮用水输送到各楼层各用户。

1.1.3　城镇常规供水方式的弊端

1.1.3.1　只能供给同一水质的水而不能匹配不同用途对水质的要求

生活用水可划分为饮用水（包括饮用、洗菜与烹饪、煮茶、煲汤、煮饭等用水）、洗涤用水（包括衣被洗涤、毛巾餐巾洗涤等用水）、清洁用水（包括洗漱、沐浴、拖地、冲洗卫生器具等用水）以及浇花等其他用水。不同用水对水质要求不同，其中仅有饮用水和洗漱用水需要达到《生活饮用水卫生标准》（GB 5749—2006），有研究成果表明这部分用水量不足总用水量的 1%。现有供水方式全部按饮用水供水，未能区分不同用水对水质的不同需求，明显属于不经济的供水方式，因此应当构建分质供水方式。

1.1.3.2　供水管道老化、结垢等可能造成供水水质污染

自来水一般都是通过管网输送到用户家中，而输送管道的材质对水质的影响是自来水二次污染的重要表现。传统的供水管网管材主要分为金属管与非金属管，金属管主要有铸铁管、钢管、铜管等，非金属管材主要有混凝土管与塑料管。由于金属管具有承压性能好、抗腐蚀性强、适用性广等特点，成为传统供水管网的首选管材并广泛使用。但有不少国内外研究表明，在金属供水管道内壁没有采取有效防护措施的情况下运行将发生不同程度的腐蚀结垢，而且会随着管道使用年限的延长而加剧。当自来水的流速发生急剧变化或受其他因素影响时，结垢层的表面物质会进入管网水中，从而对自来水水质构成污染。另外，管道内部长期累积的结垢层，可能会使管道堵塞或输水面积变小，当水压增大时管道会因输水能力减弱而破裂导致污水渗入，造成自来水二次污染。

1.1.3.3 地下供水管道裂隙或破损易使供水遭到地下水甚至污水的污染

自来水供水管道大都是埋设于地下,这使得自来水在输送过程中极容易受到地下水及其他污水的影响。首先,在供水管道埋设过程中,由于人工作业的不细致或不标准,造成管道铺设存在质量隐患。例如管道发生位移后与岩石层的安全距离减小,在强大的水压下极容易造成管道与石块、硬物等发生摩擦作用,继而造成管道破裂或者存在裂缝。当自来水供水管道中的水压变小时,极容易出现地下水倒灌以及污水渗透等问题。其次,供水管道使用年限过久极易引发管道爆裂等问题,直接导致污水渗透自来水,造成二次污染。此外,供水管道长年埋于地下,受到地下水及污水的侵蚀,极易导致管道某处穿孔或阀门损坏,在水管气压波动时会吸入污水或地下水,造成自来水污染。

1.1.3.4 氯化消毒副产物对自来水的污染

生活饮用水从自来水厂到用户需要经过漫长的管道,为了避免在输送途中受到细菌污染,出厂自来水的消毒剂含量都是比较高的。氯消毒技术是我国现阶段自来水厂应用十分广泛的消毒技术,但氯会释放出对人体有害的物质,如氯仿、四氯化碳,这也是自来水二次污染的一种表现形式。其次,自来水经过常规的净化后仍然含有有机物,这些有机物会在管道中与残留的氯发生反应生成对人体有害的消毒副产物,且净化水运用的氯的剂量不一,不精确的剂量可能会导致细菌的繁殖生长,细菌得不到抑制疯狂繁殖后会形成生物膜腐蚀管道,污染水质。

1.1.3.5 二次加压供水存在自来水的二次污染风险

随着城镇建设的快速发展,为节约土地资源,我国城镇建设了大量的高层建筑及超高层建筑。由于市政供水管网的压力、流量难以满足这些建筑的需求,常常需要储水池并进行二次加压,二次供水已逐渐成为城镇市政供水的最主要末端与终端。但二次加压是一个相对复杂的系统,需要科学全面的管理措施,但产权单位缺乏自我管理机制,也没有健全完善的第三方质量管理监督体系,容易出现自来水的二次污染,不能完全确保用户端水质达标。

1.2

管道直饮水概述

1.2.1 管道直饮水的产生

随着生活水平的提高,水污染问题的日益严重,社会大众愈发重视饮用水的品质,人们用水需求也已不自觉地开始从有水喝向喝安全水再向喝健康放心水迈进。然而,传统的自来水处理工艺并不能满足人们对饮用水水质的高品质要求,主要原因如下。

1.2.1.1 传统的自来水处理工艺很难彻底去除原水中所含的污染物

在我国工业化和城镇化发展的过程中，工业废水与生活污水的收集和达标处理从无到有、从局部逐步发展到接近全面、从粗放逐步过渡到达标，其间不可避免地会造成自然水体的污染。其中一些地表水源地、地下水源地的水质也会受到污染影响，表现为水源水质有机微污染、微生物学指标超标，有些水源地甚至出现重金属微污染现象，这就要求饮用水厂制水工艺具有去除水中微量有机污染物、完全消毒和彻底去除微量重金属的功能。但是，传统的生活饮用水净水工艺由澄清工艺（包括混凝、沉淀和过滤）和消毒工艺组成（图1-1），主要去除对象是水中的悬浮物、胶体和传染病原菌等，对溶解性有机物去除效果甚微，对水中的微量重金属更是无能为力。

1.2.1.2 氯化消毒过程中所产生的卤代烃类消毒副产物不利于人体健康

在城市供水系统中，消毒是最基本的水处理工艺，它是保证人们安全用水必不可少的措施之一，而氯化消毒是饮用水消毒中使用最为广泛、技术最为成熟的方法。氯的系列消毒剂主要有次氯酸钠、漂白粉、液氯等，它们的杀菌机制基本相同，基本原理是：当氯的系列消毒剂加入水中时会先水解生成次氯酸（HClO），HClO 分子量很小且呈电荷中性，易穿过细胞壁；同时它又是一种强氧化剂，能损害细胞膜，使蛋白质、核糖核酸（RNA）和脱氧核糖核酸（DNA）等物质释出，并影响多种酶系统（主要是磷酸葡萄糖脱氢酶的巯基被氧化破坏），从而使细菌死亡。但自 20 世纪 70 年代在饮用水中检测出三氯甲烷（$CHCl_3$）以后，加氯消毒给人体健康带来的不利影响得到了广泛研究。相关研究发现：氯化消毒常生成挥发性和非挥发性卤代有机物，如表 1-1 所列。其中挥发性的三卤甲烷

表 1-1 饮用水氯化消毒主要副产物

种类	化合物
三卤甲烷（THMs）	三氯甲烷（TCM）、三溴甲烷（TBM）、一溴二氯甲烷（BDCM）、二溴一氯甲烷（DBCM）
卤乙酸（HAAs）	一氯乙酸（MCAA）、二氯乙酸（DCAA）、三氯乙酸（TCAA）、一溴乙酸（MBAA）、二溴乙酸（DBAA）、一溴二氯乙酸（BDCAA）、一溴一氯乙酸（BCAA）、二溴一氯乙酸（DBCAA）、三溴乙酸（TBAA）
卤乙腈（HANs）	二氯乙腈（DCAN）、三氯乙腈（TCAN）、溴氯乙腈（BCAN）、二溴乙腈（DBAN）、三溴乙腈（TBAN）、一溴二氯乙腈（BDCAN）
卤代酚（halophenols）	2-氯酚、2,4-二氯酚、2,4,6-三氯酚
卤乙醛	二氯乙醛、三氯乙醛
卤代酮（haloketone）	1,1-二氯丙酮、1,1,1-三氯丙酮、1,1-二氯-2-丁酮、3,3-二氯-2-丁酮、1,1,1-三氯-2-丁酮
卤化氰（XCN）	氯化氰、溴化氰
卤硝基甲烷	三氯硝基甲烷、三溴硝基甲烷
卤代苦碱	氯化苦味碱、溴化苦味碱
致诱变化合物（MX）	3-氯-4-(二氯甲基)-5-羟基-2(5H)-呋喃
亚硝胺（nitrosamine）	N-亚硝基-二甲基胺、N-亚硝基二乙胺、N-亚硝基甲基乙基胺、N-亚硝基-n-二丙基胺、N-亚硝基-n-二丁基胺、N-亚硝基吗啉、N-亚硝基二苯胺、N-亚硝基哌啶、N-亚硝基吡咯
无机物	亚氯酸盐、氯酸盐、溴酸盐、碘酸盐

（THMs）和非挥发性的卤乙酸（HAAs）是氯化消毒饮用水中两大类主要副产物，占总量的 80% 以上。饮用水中较常检测到的 THMs 副产物主要有三氯甲烷（trichloromethane，TCM）、三溴甲烷（tribromomethane，TBM）、一溴二氯甲烷（bromodicloromethane，BDCM）和二溴一氯甲烷（dibromo-monochloro-methane，DBCM）；HAAs 较常检测到的主要有一氯乙酸（monochloroacetic acid，MCAA）、二氯乙酸（dichloroacetic acid，DCAA）、三氯乙酸（trichloroacetic acid，TCAA）、一溴乙酸（monobromoacetic acid，MBAA）、二溴乙酸（dibro-monoacetic acid，DBAA），其中三氯甲烷（TCM）、一溴二氯甲烷（BDCM）、二氯乙酸（DCAA）等为可能的人类致癌物（2B 类）[1]。另外，部分消毒副产物可以导致精子活力下降、活性降低，也可导致多种不良妊娠结局，包括早产、低出生体重等。因此，氯化消毒副产物的危害表现为"三致"（即致畸、致癌、致突变）作用。

1.2.1.3 供水系统二次提升易造成二次污染影响饮水质量

传统自来水供水水质要求达到《生活饮用水卫生标准》（GB 5749—2006），而这个标准修订时间较早，对近十几年来出现的大量人工合成的有害物质和新型污染物均未做限定，因此我国的水质指标存在明显滞后性。另外，我国现有的给水系统尤其是建筑给水系统中的二次污染严重，出厂达标的自来水从用户的水龙头出来后，往往变成不达标的水。

随着社会经济的发展，人们的生活水平不断提高，人们的健康和保健意识越来越强，对饮用水品质要求也越来越高，不仅希望饮用水达标，还期望饮用水有保健作用。因此，饮用水安全达标是人们对饮用水品质的基本要求。

综上所述，传统生活饮用水供水方式和供水水质不能满足人们日益增长的饮用水要求，需要对其进行升级改造。但对传统生活饮用水供水系统进行改造存在以下难以解决的实际问题：

① 大范围的饮用水厂升级改造需要大量资金，经济相对不发达区域难以承受。而饮用水属于民生保障品，不可能通过市场调节来增收，故投资回收期很长，融资困难。

② 现有城镇饮用水厂不一定有足够的占地可用于技术改造升级，即使有场地完成了厂区制水工艺的升级改造，但现有的供水管网二次污染问题也必须解决才能确保用户端水质安全达标，而供水管网改造涉及众多因素，需要的投资巨大，实施困难重重。

③ 常规集中式供水模式未能对接不同用水水质需求，如果都按直饮水水质供水，显然十分不经济。

在这种历史机遇下，管道直饮水系统应运而生。管道直饮水系统在用户建筑物附近建立直饮水供水站，以市政生活饮用水为原水，经过深度净化和消毒后，通过专用的供水管路，向用户输送直饮水。由于供水范围较小，供水管路较短，供水循环，有效控制了成本，确保饮用水水质达标。

1.2.2　管道直饮水的定位

　　管道直饮水作为传统饮用水供水模式的补充，专门用于向用户供给直饮水。我国的管道直饮水系统已经在多种建筑类型中得到应用，其中有住宅、办公楼、学校、宾馆、医院等。其中住宅管道直饮水系统一般是向厨房供水，供水量一般达到 5～10L/（人·d）。

1.2.3　管道直饮水系统

　　直饮水是指可以直接饮用的水（dedicated drinking water）。水必须经过一定的净化和消毒处理达到直饮水质量标准后，方可直接饮用。

　　管道直饮水是指通过管道输送的可直接饮用的水。管道直饮水需要通过管道直饮水系统来制备和输送。

　　管道直饮水系统是指对原水经过深度净化与消毒处理达到直饮水质量标准后，通过管道供给人们直接饮用的供水系统。其中原水是指未经深度净化处理的城镇自来水或符合生活饮用水水源标准的水源水[2]。

　　管道直饮水系统通常由原水、直饮水制备系统、直饮水管网系统、直饮水监控系统以及用户端组成。目前多数的管道直饮水系统均采用自来水为原水。直饮水制备系统的功能是制备直饮水，主要包括预处理装置、膜处理装置、消毒装置。直饮水管网系统由独立、封闭、循环的供水管网和回水管网构成，其中，供水管网通过管道将制备的直饮水输送到用户；回水管网将供水管网终端未被用户使用的直饮水输送回直饮水制备系统环节，使管道直饮水供水系统内的净水保持卫生、干净、新鲜。直饮水监控系统的功能是对直饮水的制备和输送过程进行质量监控和运行维护管理。

　　管道直饮水系统工艺流程为：原水经过直饮水制备系统深度净化后，输送到室外直饮水供水循环管网，在用户墙外通过进户支管和室内立管连接水表和用户饮水龙头，如图1-2 所示。

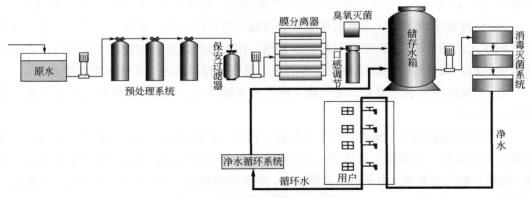

图1-2　管道直饮水系统工艺流程示意

1.3

饮用水标准

技术标准是对标准化领域中需要协调统一的技术事项所制定的标准。它是根据不同时期的科学技术水平和实践经验，针对具有普遍性和重复出现的技术问题，提出的最佳解决方案。它的对象既可以是物质的（如产品、材料、工具），也可以是非物质的（如概念、程序、方法、符号）。

技术标准一般分为基础标准，产品标准，方法标准，安全、卫生、环境保护标准等。技术标准是从事科研、设计、工艺、检验等技术工作以及商品流通中共同遵守的技术依据，是目前大量存在的具有重要意义和广泛影响的标准。

饮用水产品从水源、生产到成品都有相应的标准规范来要求，下面分别进行叙述。

1.3.1 饮用水水质标准

根据饮用水产品的不同，执行的饮用水标准也不同。

1.3.1.1 生活饮用水水质标准

一般城镇自来水属于生活饮用水，应符合《生活饮用水卫生标准》（GB 5749—2006）。

该标准 2006 年由中华人民共和国卫生部、建设部、水利部、国土资源部和国家环境保护总局等提出，卫生部和国家标准化管理委员会于 2006 年 12 月 29 日发布，从 2007 年 7 月 1 日起实施。该标准规定了 106 项水质指标限值，分为水质常规指标 39 项、饮用水中消毒剂常规指标 4 项和水质非常规指标 63 项[3]，详见表 1-2～表 1-4。

表 1-2　生活饮用水水质常规指标及限值

指标	限值
1.微生物指标[①]	
总大肠菌群/（MPN/100mL 或 CFU/100mL）	不得检出
耐热大肠菌群/（MPN/100mL 或 CFU/100mL）	不得检出
大肠埃希菌/（MPN/100mL 或 CFU/100mL）	不得检出
菌落总数/（CFU/mL）	100
2.毒理指标	
砷/（mg/L）	0.01
镉/（mg/L）	0.005
铬（六价）/（mg/L）	0.05
铅/（mg/L）	0.01
汞/（mg/L）	0.001
硒/（mg/L）	0.01
氰化物/（mg/L）	0.05
氟化物/（mg/L）	1.0

续表

指标	限值
2.毒理指标	
硝酸盐（以 N 计）/（mg/L）	10 地下水源限制时为 20
三氯甲烷/（mg/L）	0.06
四氯化碳/（mg/L）	0.002
溴酸盐（使用臭氧时）/（mg/L）	0.01
甲醛（使用臭氧时）/（mg/L）	0.9
亚氯酸盐（使用二氧化氯消毒时）/（mg/L）	0.7
氯酸盐（使用复合二氧化氯消毒时）/（mg/L）	0.7
3.感官性状和一般化学指标	
色度（铂钴色度单位）	15
浑浊度（散射浑浊度单位）/NTU	1 水源与净水技术条件限制时为 3
臭和味	无异臭、异味
肉眼可见物	无
pH 值	不小于 6.5 且不大于 8.5
铝/（mg/L）	0.2
铁/（mg/L）	0.3
锰/（mg/L）	0.1
铜/（mg/L）	1.0
锌/（mg/L）	1.0
氯化物/（mg/L）	250
硫酸盐/（mg/L）	250
溶解性总固体/（mg/L）	1000
总硬度（以 $CaCO_3$ 计）/（mg/L）	450
耗氧量（COD_{Mn} 法，以 O_2 计）/（mg/L）	3 水源限制，原水耗氧量>6mg/L 时为 5
挥发酚类（以苯酚计）/（mg/L）	0.002
阴离子合成洗涤剂/（mg/L）	0.3
4.放射性指标[2]	指导值
总 α 放射性/（Bq/L）	0.5
总 β 放射性/（Bq/L）	1

① MPN 表示最可能数；CFU 表示菌落形成单位。当水样检出总大肠菌群时，应进一步检验大肠埃希菌或耐热大肠菌群；水样未检出总大肠菌群，不必检验大肠埃希菌或耐热大肠菌群。

② 放射性指标超过指导值，应进行核素分析和评价，判定能否饮用。

表 1-3 饮用水中消毒剂常规指标及要求

消毒剂名称	与水接触时间/min	出厂水中 限值/（mg/L）	出厂水中 余量/（mg/L）	管网末梢水中 余量/（mg/L）
氯气及游离氯制剂（游离氯）	≥30	4	≥0.3	≥0.05
一氯胺（总氯）	≥120	3	≥0.5	≥0.05
臭氧（O_3）	≥12	0.3	—	0.02 如加氯，总氯≥0.05
二氧化氯（ClO_2）	≥30	0.8	≥0.1	≥0.02

表1-4 生活饮用水水质非常规指标及限值

指标	限值
1.微生物指标	
贾第鞭毛虫/（个/10L）	<1
隐孢子虫/（个/10L）	<1
2.毒理指标	
锑/（mg/L）	0.005
钡/（mg/L）	0.7
铍/（mg/L）	0.002
硼/（mg/L）	0.5
钼/（mg/L）	0.07
镍/（mg/L）	0.02
银/（mg/L）	0.05
铊/（mg/L）	0.0001
氯化氰（以CN⁻计）/（mg/L）	0.07
一氯二溴甲烷/（mg/L）	0.1
二氯一溴甲烷/（mg/L）	0.06
二氯乙酸/（mg/L）	0.05
1,2-二氯乙烷/（mg/L）	0.03
二氯甲烷/（mg/L）	0.02
三卤甲烷（三氯甲烷、一氯二溴甲烷、二氯一溴甲烷、三溴甲烷的总和）	该类化合物中各种化合物的实测浓度与其各自限值的比值之和不超过1
1,1,1-三氯乙烷/（mg/L）	2
三氯乙酸/（mg/L）	0.1
三氯乙醛/（mg/L）	0.01
2,4,6-三氯酚/（mg/L）	0.2
三溴甲烷/（mg/L）	0.1
七氯/（mg/L）	0.0004
马拉硫磷/（mg/L）	0.25
五氯酚/（mg/L）	0.009
六六六（总量）/（mg/L）	0.005
六氯苯/（mg/L）	0.001
乐果/（mg/L）	0.08
对硫磷/（mg/L）	0.003
灭草松/（mg/L）	0.3
甲基对硫磷/（mg/L）	0.02
百菌清/（mg/L）	0.01
呋喃丹/（mg/L）	0.007
林丹/（mg/L）	0.002
毒死蜱/（mg/L）	0.03
草甘膦/（mg/L）	0.7
敌敌畏/（mg/L）	0.001
莠去津/（mg/L）	0.002
溴氰菊酯/（mg/L）	0.02

指标	限值
2.毒理指标	
2,4-滴/ (mg/L)	0.03
滴滴涕/ (mg/L)	0.001
乙苯/ (mg/L)	0.3
二甲苯（总量）/ (mg/L)	0.5
1,1-二氯乙烯/ (mg/L)	0.03
1,2-二氯乙烯/ (mg/L)	0.05
1,2-二氯苯/ (mg/L)	1
1,4-二氯苯/ (mg/L)	0.3
三氯乙烯/ (mg/L)	0.07
三氯苯（总量）/ (mg/L)	0.02
六氯丁二烯/ (mg/L)	0.0006
丙烯酰胺/ (mg/L)	0.0005
四氯乙烯/ (mg/L)	0.04
甲苯/ (mg/L)	0.7
邻苯二甲酸二（2-乙基己基）酯/ (mg/L)	0.008
环氧氯丙烷/ (mg/L)	0.0004
苯/ (mg/L)	0.01
苯乙烯/ (mg/L)	0.02
苯并 [a] 芘/ (mg/L)	0.00001
氯乙烯/ (mg/L)	0.005

小型集中式供水和分散式供水部分水质指标及限值见表1-5。

表1-5 小型集中式供水和分散式供水部分水质指标及限值

指标	限值
1.微生物指标	
菌落总数/ (CFU/mL)	500
2.毒理指标	
砷/ (mg/L)	0.05
氟化物/ (mg/L)	1.2
硝酸盐（以 N 计）/ (mg/L)	20
3.感官性状和一般化学指标	
色度（铂钴色度单位）	20
浑浊度（散射浑浊度单位）/NTU	3 水源与净水技术条件限制时为 5
pH 值	不小于 6.5 且不大于 9.5
溶解性总固体/ (mg/L)	1500
总硬度（以 $CaCO_3$ 计）/ (mg/L)	550
耗氧量（COD_{Mn} 法，以 O_2 计）/ (mg/L)	5
铁/ (mg/L)	0.5
锰/ (mg/L)	0.3
氯化物/ (mg/L)	300
硫酸盐/ (mg/L)	300

1.3.1.2 包装饮用水水质标准

包装饮用水是指密封于符合食品安全标准和相关规定的包装容器中可供直接饮用的水。一般以城镇自来水或符合国标 GB 5749—2006 规定的地表水或地下水为生产原水，采用蒸馏法、电渗析法、离子交换法、反渗透法或其他适当的水净化工艺，加工制成包装饮用水。

包装饮用水水质应符合《食品安全国家标准 包装饮用水》（GB 19298—2014），它是我国国家卫生和计划生育委员会于 2014 年 12 月 24 日发布，从 2015 年 5 月 24 日实施的新标准，代替《瓶（桶）装饮用水卫生标准》（GB 19298—2003）、《瓶（桶）装饮用纯净水卫生标准》（GB 17324—2003）以及《瓶装饮用纯净水》（GB 17323—1998）中涉及本标准指标的以本标准为准。

《食品安全国家标准 包装饮用水》（GB 19298—2014）对包装饮用水的水质做了如下规定[4]。

（1）感官要求

感官要求应符合表 1-6 的规定。

表 1-6　包装饮用水感官要求

项目	要求		检验方法
	饮用纯净水	其他饮用水	
色度/度	≤5	≤10	GB/T 5750
浑浊度/NTU	≤1	≤1	
状态	无正常视力可见外来异物	允许有极少量的矿物质沉淀，无正常视力可见外来异物	
滋味、气味	无异味、无异嗅❶		

（2）理化指标要求

理化指标要求应符合表 1-7 的规定。

表 1-7　包装饮用水理化指标要求

项目	指标	检验方法
余氯（游离氯）/（mg/L）	≤0.05	GB/T 5750
四氯化碳/（mg/L）	≤0.002	
三氯甲烷/（mg/L）	≤0.02	
耗氧量（以 O_2 计）/（mg/L）	≤2.0	
溴酸盐/（mg/L）	≤0.01	
挥发性酚[①]（以苯酚计）/（mg/L）	≤0.002	
氰化物（以 CN^- 计）[②]/（mg/L）	≤0.05	
阴离子合成洗涤剂[③]/（mg/L）	≤0.3	
总 α 放射性[③]/（Bq/L）	≤0.5	
总 β 放射性[③]/（Bq/L）	≤1	

① 仅限于蒸馏法加工的饮用纯净水、其他饮用水。
② 仅限于蒸馏法加工的饮用纯净水。
③ 仅限于以地表水或地下水为生产用源水加工的包装饮用水。

❶ 标准原文为"异嗅"，应为"异臭"，此类后同。

（3）污染物与微生物限量

包装饮用水中污染物限量必须满足国家标准《食品安全国家标准 食品中污染物限量》（GB 2762—2017）要求，主要是限定了铅、镉、汞、砷、亚硝酸盐等污染物含量，见表1-8。包装饮用水中微生物限量应符合表1-9的规定。

表1-8　包装饮用水污染物限量　　　　　　　　　　　　　　　　单位：mg/L

污染物	限量	污染物	限量	污染物	限量	污染物	限量	污染物	限量
铅	0.01	镉	0.005	总汞	0.001	总砷	0.01	亚硝酸盐	0.005

表1-9　包装饮用水微生物限量

项目	采样方案[①]及限量			检验方法
	n	c	m	
大肠菌群/（CFU/mL）	5	0	0	GB 4789.3 中的平板计数法
铜绿假单胞菌/（CFU/250 mL）	5	0	0	GB/T 8538

①样品的采样及处理按 GB 4789.1 执行。

注：n—同一批次产品应采集的样品件数；c—最大可允许超出 m 的件数；m—微生物指标可接受水平的限量值。

（4）食品添加剂

包装饮用水当使用食品添加剂时，应符合国家标准《食品安全国家标准　食品添加剂使用标准》（GB 2760—2014）。

包装饮用水的生产应符合国家标准《包装饮用水（桶装）全自动冲洗灌装封盖机 通用技术规范》（GB/T 38458—2020）[5]和行业标准《饮料机械 包装饮用水（桶装）旋转式灌装封盖机》（QB/T 4212—2018）。

1.3.1.3　饮用天然矿泉水水质标准

饮用天然矿泉水水质应符合《食品安全国家标准 饮用天然矿泉水》（GB 8537—2018）的要求[6]。

（1）感官要求

饮用天然矿泉水感官要求应符合表1-10的规定。

表1-10　饮用天然矿泉水感官要求

项目	要求	检验方法
色度/度	≤10（不得呈现其他异色）	GB 8538
浑浊度/NTU	≤1	
滋味、气味	具有矿泉水特征性口味，无异味、无异嗅	
状态	允许有极少量的天然矿物盐沉淀，无正常视力可见外来异物	

（2）理化指标要求

饮用天然矿泉水理化指标分为界限指标和限量指标。

饮用天然矿泉水界限指标应符合表1-11的规定，限量指标应符合表1-12要求。

表1-11   饮用天然矿泉水界限指标要求

项目	要求	检验方法
锂/（mg/L）	≥0.20	GB 8538
锶/（mg/L）	≥0.2（含量在0.20～0.40mg/L时，水源水水温应在25℃以上）	
锌/（mg/L）	≥0.20	
偏硅酸/（mg/L）	≥25.0（含量在25.0～30.0mg/L时，水源水水温应在25℃以上）	
硒/（mg/L）	≥0.01	
游离二氧化碳/（mg/L）	≥250	
溶解性总固体/（mg/L）	≥1000	

表1-12   饮用天然矿泉水限量指标要求

项目	指标	检验方法
硒/（mg/L）	0.05	GB 8538
锑/（mg/L）	0.005	
铜/（mg/L）	1.0	
钡/（mg/L）	0.7	
总铬/（mg/L）	0.05	
锰/（mg/L）	0.4	
镍/（mg/L）	0.02	
银/（mg/L）	0.05	
溴酸盐/（mg/L）	0.01	
硼酸盐（以B计）/（mg/L）	5	
氟化物（以F-计）/（mg/L）	1.5	
耗氧量（以O_2计）/（mg/L）	2.0	
挥发酚（以苯酚计）/（mg/L）	0.002	
氰化物（以CN-计）/（mg/L）	0.010	
矿物油/（mg/L）	0.05	
阴离子合成洗涤剂/（mg/L）	0.3	
^{226}Ra放射线/（Bq/L）	1.1	
总β放射性/（Bq/L）	1.50	

（3）污染物与微生物限量

饮用天然矿泉水中污染物限量必须满足国家标准《食品安全国家标准 食品中污染物限量》（GB 2762—2017）要求，主要是限定了铅、镉、汞、砷、亚硝酸盐等污染物含量，详见表1-13。

表1-13   饮用天然矿泉水污染物限量

污染物	铅	镉	总汞	总砷	亚硝酸盐	硝酸盐
限量/（mg/L）	0.01	0.003	0.001	0.01	0.1	45

饮用天然矿泉水中微生物限量应符合表1-14的规定。

表 1-14　饮用天然矿泉水微生物限量

项目	采样方案[①]及限量			检验方法
	n	*c*	*m*	
大肠菌群/（MPN/100mL）[②]	5	0	0	GB 8538
粪链球菌/（CFU/250mL）	5	0	0	
铜绿假单胞菌/（CFU/250mL）	5	0	0	
产气荚膜梭菌/（CFU/50mL）	5	0	0	

① 样品的采样及处理按 GB 4789.1 执行。

② 采用滤膜法时，则大肠菌群项目的单位为 CFU/100mL。

（4）食品添加剂

包装饮用水当使用食品添加剂时，应符合国家标准《食品安全国家标准　食品添加剂使用标准》（GB 2760—2014）。

1.3.1.4　生活饮用水水质处理器出水水质标准

生活饮用水水质处理器是以市政自来水或其他集中式供水为原水，经过进一步处理，以改善饮水水质、去除水中某些有害物质为目的的饮用水水质处理器。

生活饮用水一般水质处理器应符合国家卫生部制定的《生活饮用水水质处理器卫生安全与功能评价规范——一般水质处理器》（2001）[7]。生活饮用水水质处理器卫生安全性试验采用整机浸泡试验方法，增加量不得超过表 1-15 所列限值。

表 1-15　生活饮用水水质处理器的卫生安全性试验要求

指标要求	项目	卫生要求
感官性状要求	色度/度	增加量≤5
	浑浊度/NTU	增加量≤0.5
	臭和味	无异臭与异味
	肉眼可见物	不产生任何肉眼可见的碎片杂物等
一般化学指标要求	耗氧量（以 O_2 计）/（mg/L）	增加量≤2
毒理学指标要求	铅/（mg/L）	增加量≤0.001
	镉/（mg/L）	增加量≤0.0005
	汞/（mg/L）	增加量≤0.0002
	铬（六价）/（mg/L）	增加量≤0.005
	砷/（mg/L）	增加量≤0.005
	挥发酚类/（mg/L）	增加量≤0.002
微生物指标要求	细菌总数/（CFU/mL）	≤100
	总大肠菌群	每 100mL 水样不得检出
	粪大肠菌群	每 100mL 水样不得检出
其他指标要求	银/（mg/L）	≤0.05
	碘	不得使水有异味
	其他	不得超过《生活饮用水卫生标准》的要求

生活饮用水一般水质处理器的出水水质均应符合《生活饮用水卫生标准》的要求。

矿化水器是以市政自来水或其他集中式供水为原水，经过进一步处理，以改善饮水水质、增加水中某种对人体有益成分为目的的饮用水水质处理器，应满足国家卫生部制定的《生活饮用水水质处理器卫生安全与功能评价规范——矿化水器》（2001）[7]。矿化水器的卫生安全性试验增加量不得超过表1-16所列限值。

表1-16　矿化水器的卫生安全性试验要求

指标要求	项目	卫生要求
感官性状要求	色度/度	增加量≤5
	浑浊度/NTU	增加量≤0.5
	臭和味	无异臭和异味
	肉眼可见物	不产生任何肉眼可见的碎片杂物等
一般化学指标要求	耗氧量（以O_2计）/（mg/L）	增加量≤2
毒理学指标要求	铅/（mg/L）	增加量≤0.001
	镉/（mg/L）	增加量≤0.0005
	汞/（mg/L）	增加量≤0.0002
	铬（六价）/（mg/L）	增加量≤0.005
	砷/（mg/L）	增加量≤0.005
	挥发酚类/（mg/L）	增加量≤0.002
微生物指标要求	细菌总数/（CFU/mL）	≤100
	总大肠菌群	每100mL水样不得检出
	粪大肠菌群	每100mL水样不得检出
放射性指标要求	总α放射性	不得增加（不超过测量偏差的3个标准差）
	总β放射性	不得增加（不超过测量偏差的3个标准差）
其他指标要求	申请的矿化项目的溶出浓度不得大于《食品安全国家标准 饮用天然矿泉水》（GB 8537—2018）规定的限量值	

矿化水器的出水水质应符合《生活饮用水卫生标准》的要求。

反渗透处理装置是以市政自来水或其他集中式供水为原水，采用反渗透技术净水，旨在去除水中有害物质，获得作为饮水的纯水的处理装置，应满足国家卫生部制定的《生活饮用水水质处理器卫生安全与功能评价规范——反渗透处理装置》（2001）[7]。

反渗透处理装置卫生安全性试验的增加量不得超过表1-17所列限值。

表1-17　反渗透处理装置的卫生安全性试验要求

指标要求	项目	卫生要求
感官性状要求	色度/度	增加量≤5
	浑浊度/NTU	增加量≤0.5
	臭和味	无异臭和异味
	肉眼可见物	不产生任何肉眼可见的碎片杂物等
一般化学指标要求	耗氧量（以O_2计）/（mg/L）	增加量≤2

续表

指标要求	项目	卫生要求
毒理学指标要求	铅/（mg/L）	增加量≤0.001
	镉/（mg/L）	增加量≤0.0005
	汞/（mg/L）	增加量≤0.0002
	铬（六价）/（mg/L）	增加量≤0.005
	砷/（mg/L）	增加量≤0.005
	挥发酚类/（mg/L）	增加量≤0.002
微生物指标要求	细菌总数/（CFU/mL）	≤100
	总大肠菌群	每100mL水样不得检出
	粪大肠菌群	每100mL水样不得检出

反渗透处理装置净化处理效率应符合下列要求：

① 一般指标和无机物质在应用压力下的净化效率应符合表1-18要求；

② 挥发性有机物的净化效率应符合表1-19要求；

③ 通过反渗透饮水处理装置的出水应符合表1-20要求；

④ 除上表所列指标外，其他项目均不得超过《生活饮用水卫生标准》中所列的限值。

表1-18 无机物质的净化效率

项目	起始浓度/（mg/L）	去除率/%
砷（三价）	0.30	≥83
镉	0.03	≥83
铬（六价）	0.15	≥67
氟化物	8.0	≥75
铅	0.15	≥90
硝酸盐氮	30.0	≥67

表1-19 挥发性有机物的净化效率

项目	起始浓度/（mg/L）	去除率/%
四氯化碳	78	≥98
三氯甲烷	300	≥95

表1-20 反渗透饮水处理装置的出水水质卫生要求

指标	限值
色度/度	5
浑浊度/NTU	1
臭和味	不得有能察觉的臭和味
肉眼可见物	不得含有
pH值	>5.0
铅/（mg/L）	0.01
砷/（mg/L）	0.01

续表

指标	限值
挥发酚类（以苯酚计）/（mg/L）	0.002
耗氧量/（mg/L）	1.00
三氯甲烷/（μg/L）	1.5
四氯化碳/（μg/L）	1.8
细菌总数/（CFU/mL）	20
总大肠菌群	每100mL水样不得检出
粪大肠菌群	每100mL水样不得检出

1.3.1.5　饮用净水水质标准

《饮用净水水质标准》（CJ 94—2005）[8]适用于已符合生活饮用水水质标准的自来水或水源水为原水，经再净化后可供给用户直接饮用的管道直饮水。其具体标准值见表1-21。

表1-21　饮用净水水质标准

项目		限值
感官性状	色度/度	5
	浑浊度/NTU	0.5
	臭和味	无异臭和异味
	肉眼可见物	无
一般化学指标	pH值	6.0～8.5
	总硬度（以CaCO₃计）/（mg/L）	300
	铁/（mg/L）	0.20
	锰/（mg/L）	0.05
	铜/（mg/L）	1.0
	锌/（mg/L）	1.0
	铝/（mg/L）	0.20
	挥发性酚类（以苯酚计）/（mg/L）	0.002
	阴离子合成洗涤剂/（mg/L）	0.20
	硫酸盐/（mg/L）	100
	氯化物/（mg/L）	100
	溶解性总固体/（mg/L）	500
	耗氧量（COD_{Mn}，以O_2计）/（mg/L）	2.0
毒理学指标	氟化物/（mg/L）	1.0
	硝酸盐氮（以N计）/（mg/L）	10
	砷/（mg/L）	0.01
	硒/（mg/L）	0.01
	汞/（mg/L）	0.001
	镉/（mg/L）	0.003
	铬（六价）/（mg/L）	0.05
	铅/（mg/L）	0.01
	银（采用载银活性炭时测定）/（mg/L）	0.05

续表

项目		限值
毒理学指标	氯仿/（mg/L）	0.03
	四氯化碳/（mg/L）	0.002
	亚氯酸盐（采用 ClO_2 消毒时测定）/（mg/L）	0.70
	氯酸盐（采用 ClO_2 消毒时测定）/（mg/L）	0.70
	溴酸盐（采用 O_3 消毒时测定）/（mg/L）	0.01
	甲醛（采用 O_3 消毒时测定）/（mg/L）	0.90
细菌学指标	细菌总数/（CFU/mL）	50
	总大肠菌群	每 100mL 水样中不得检出
	粪大肠菌群	每 100mL 水样中不得检出
	余氯	0.01mg/L（管网末梢水）[①]
	臭氧（采用 O_3 消毒时测定）	0.01mg/L（管网末梢水）[①]
	二氧化氯（采用 ClO_2 消毒时测定）	0.01mg/L（管网末梢水）[①] 或余氯 0.01mg/L（管网末梢水）

① 该项目的检出限，实测浓度应不小于检出限。

1.3.2　水源水质标准

1.3.2.1　水源为集中式供水的水质要求

以城镇公共供水系统的水（俗称自来水）为直饮水生产用水源水，水源水质应符合《生活饮用水卫生标准》（GB 5749—2006）。

1.3.2.2　水源为地表水的水质要求

以地表水为生活饮用水生产用水源水，水源水质应符合《地表水环境质量标准》（GB 3838—2002）中Ⅲ类水质要求。

1.3.2.3　水源为地下水的水质要求

以地下水为生活饮用水生产用水源水，水源水质应符合《地下水质量标准》（GB/T 14848—2017）中Ⅲ类水质要求。

1.4

国内外管道直饮水的发展状况与趋势

市场上直饮水供应形式主要有包装直饮水、家用净水器和管道直饮水系统 3 种，其中桶装的包装直饮水因方便快捷成为主流，但桶装水存在合格率低、易过期变质、易受二次污染、价格较贵等问题。家用净水器近年来广受大众追捧，但其管理维护需耗费用户的时间和精力，如不及时更换滤芯容易造成二次污染，且目前大多数家用净水器都无法实现对滤芯的自动正/反冲洗，容易造成污染物堵塞、出水减小而频繁更换滤芯。而管道直饮水的出现，很好地解决了上述弊端。因此，管道直饮水是最经济适用的家庭直饮水供应模式。

1.4.1 国外管道直饮水发展状况

美国是最早发展管道直饮水的国家之一，早在 1974 年美国就颁布了《美国安全饮用水法》，并在 1986 年和 1996 年进行了修订，该法确保从水龙头出来的饮用水可以直接饮用[9]。当时的美国 Filtrin 公司提出了在建筑物内建设直饮水系统（dedicated drinking water system，简称 DDW 系统）的概念。1996 年德国对《水资源管理法》进行了第 6 次修订，与之配套的《饮用水条例》是世界上最严格的饮用水法规，确保了德国街道边的自来水也适合儿童直接饮用[10]。英国也制定了饮用水安全方面的法律，并且对这些法律每 5 年至少修订一次，确保水质标准与时俱进，英国法律要求饮用水龙头出来的水是可以直接饮用的。其后，日本、荷兰、丹麦、法国等国家相继推出了管道直饮水，并制定了相关的技术法规[11]。

目前，欧美国家的市政供水基本都采用分质供水形式，即分为两套供水系统：一是可饮用水系统，为城市主体供水系统；二是非饮用水系统，为辅助供水系统，提供厕所冲洗、园林绿化、道路喷洒、工业冷却以及车辆清洗等用水。

1.4.2 国内管道直饮水发展状况

1.4.2.1 发展状况

国内管道直饮水兴起于 20 世纪 90 年代中期，晚于美国和日本等发达国家。1996 年上海率先在浦东新区锦华小区试验建设第一个"管道分质供水"系统，是我国第一个设两套给水管网分质供水的居住小区[12]。上海浦东新区是中国 20 世纪 90 年代改革开放的重点区域，供水工程是浦东新区开发开放顺利进行的重要保障，是其经济发展速度和规模的直接制约因素。当时，浦东新区供水的一个主要特点是供水水质明显偏低，饮用水安全得不到有效保障，属于"水质型"缺水地区[13]。而锦华小区是国家建设部（现为住房和城乡建设部）批准立项的上海 21 世纪小康型住宅示范小区，为此锦华小区率先将居民的饮用水和一般生活用水分管供应，其中将自来水经过深度净化后，水质达到当时最新的欧共体饮用水标准，可直接生饮。该工艺系统采用臭氧氧化、活性炭吸附、预涂膜（采用硅藻土为预涂助滤剂）精滤、微电解和紫外线杀菌等多项新型技术，净化过程中不投加任何化学药剂，可有效地去除自来水中残存的对人体有害的有机污染物，特别是致畸、致癌、致突变物，同时又保留了水中对人体健康有益的矿物和微量元素。

在上海锦华小区建设"管道分质供水"后，宁波、深圳、大庆也相继在一些住宅小区建设此类系统，其他城市如广州、天津、大连等也在积极筹建，不仅满足了居民对洁净饮水的需求，还促进了房地产附加值的升高。宁波市的"管道分质供水"采用微孔过滤的水处理工艺,在管道设计中采取集中供水方式,统一建立大型水处理站(供水能力为 1500 t/d),处理后的水通过管网分别送至市内各个住宅小区,但管网未设循环管[14]。深圳梅林一村管道直饮水工程借鉴了上海和宁波等地的经验,采用超滤处理工艺,既能去除自来水中残留有机物和有害物质,又能保留水中对人体有益的微量元素(即生产的是"优质水"而非"纯水"),且管网设计了循环管路,以缩短水在管道中的停留时间从而减少二次污染[15]。大庆的"管道分质供水"所采用的处理工艺与深圳基本相同。

广州市的管道直饮水系统建设也得到了快速发展,如广东益民环保科技股份有限公司自 2000 年以来在广州市区建成了数十个管道直饮水系统,服务对象包括住宅小区、商业街、办公楼、宾馆、学校和科技园区等,部分代表性管道直饮水系统见表 1-22。

表 1-22　广州市建成并在运营的主要管道直饮水系统

序号	管道直饮水系统安装位置	设计规模	设计总户数	建成时间	主要工艺
1	广州 ZH 住宅小区	3.5t/d	2500 户	2003 年	砂滤器+炭滤器+保安过滤器+纳滤+二氧化氯消毒
2	广州 HJ 住宅小区	2 t/d	1183 户	2003 年	砂滤器+炭滤器+保安过滤器+反渗透+臭氧消毒
3	上下九商业街	0.5t/d	饮水点 3 个	2005 年	砂滤器+炭滤器+保安过滤器+纳滤+紫外线杀菌器
4	某综合办公楼	0.5t/d	3300 人	2014 年	砂滤器+炭滤器+保安过滤器+纳滤+紫外线杀菌器
5	广州 DF 住宅小区	0.5t/d	732 户	2012 年	炭滤器+保安过滤器+纳滤+紫外杀菌器
6	某办公楼	0.5 t/d	饮水点 12 个	2002 年	臭氧氧化+炭滤器+保安过滤器+反渗透+臭氧消毒
7	某中学学校	1 t/d	饮水点 281 个	2003 年	砂滤器+臭氧氧化+炭滤器+保安过滤器+纳滤+二氧化氯消毒
8	广州 YY 宾馆	1.5t/d	饮水点 15 个	2007 年	颗粒活性炭+烧结活性炭+反渗透+后置活性炭+紫外线杀菌器
9	某服装公司	0.25t/d	1500 人	2007 年	砂滤器+炭滤器+保安过滤器+纳滤+紫外线杀菌器
10	视联科技园区	0.5t/d	3000 人	2013 年	炭滤器+保安过滤器+纳滤+紫外线杀菌器

1.4.2.2　存在的主要问题

近二十多年的管道直饮水系统的建设与运行管理实践,为我国饮用水安全保障打下了良好的基础,但也存在以下问题。

(1)管道直饮水水质标准问题

关于直饮净水水质标准,目前没有形成行业内统一的管理标准体系。《饮用净水水质标准》《食品安全国家标准　包装饮用水》《生活饮用水水质处理器卫生安全与功能评价规范——一般水质处理器》《生活饮用水水质处理器卫生安全与功能评价规范——反渗透处理装置》等各类成品水执行的标准不具备统一规范。

(2)管道直饮水系统各部分的合理配置问题

管道直饮水系统主要包括制备系统、管网系统和监控系统,各部分均有其特殊的功能,相互合理配置才能保障供水水质达标。特别是其中的制备系统是管道直饮水系统的核心部分，其所采用的技术和工艺会直接影响供水水质的达标状况。如果对原水水质波动考虑不周，所采用的净水技术和工艺不能适配原水水质波动，或所采用的消毒技术和工艺不适，抑或输水管道材质选用不适等，均有可能导致供水水质不达标或者水质不稳定。

（3）管道直饮水系统的运营问题

管道直饮水工程的建设与运营一般涉及房地产开发商和水处理公司，有三种情形：

① 房地产开发商投资，由水处理公司承包建设，交付使用后直饮水系统的运营工作均由开发商自己的物业部门负责；

② 房地产开发商投资，由水处理公司承包建设和运营管理；

③ 水处理公司投资、承包建设和运营管理。

对于情形①，由于物业部门行业和专业的不同，往往缺少与直饮水系统管理相关的技术，故情形①容易导致管道直饮水系统管理不到位，供水水质无法得到保障。

对于情形②和情形③，如果运营公司为了节约成本，未能按运行规程及时更换滤料、滤膜，设备维修保养不及时，未定期进行管道消毒，也可能导致管道直饮水供水水质不达标或水质不稳定。

（4）管道直饮水的监管问题

管道直饮水的监管问题分两个层面。

① 管道直饮水系统运营部门的内部监管问题。目前这方面做得还很不够，相关先进技术采用较少，用户端水质自动监控与反馈措施相对欠缺，自动监控与反馈措施有待加强。

② 管道直饮水的外部监管问题。我国管道直饮水尚处于初级发展阶段，作为新事物，政府有关管理部门对其管理还比较少，缺乏规范有效的社会和卫生监督机制。

1.4.3 管道直饮水的发展趋势

纵观国内外管道直饮水的实践和发展状况，管道直饮水的发展趋势及关注点如下。

① 对于新建建筑物，管道直饮水工程将作为重要的辅助工程，应当与主体建筑同步设计、同步建设、同步投入运营；对于建成的建筑物，管道直饮水系统作为现有供水系统的补充，以保障饮用水安全为原则。

② 发展及采纳先进实用的饮水深度净化、消毒新技术。

③ 依据原水水质实际波动特征，优化饮水深度净化和消毒工艺运行参数，优化滤芯和滤料等耗材的更新周期。

④ 发展及采用管道直饮水系统自动监控技术、设施与管理系统，提高管道直饮水水质监控与反馈速度，提高直饮水保障水平。

⑤ 完善政府相关部门对直饮水的监督机制和相关法规。

参考
文献

[1] 金海, 唐非. 饮用水氯化消毒副产物及其对健康的潜在危害[J]. 中国消毒学杂志, 2013, 30(3): 255-258.

[2] 中华人民共和国住房和城乡建设部. 建筑与小区管道直饮水系统技术规程: CJJ/T 110—2017[S].

[3] 中华人民共和国卫生部, 中国国家标准化管理委员会. 生活饮用水卫生标准: GB 5749—2006[S].

[4] 中华人民共和国卫生和计划生育委员会. 食品安全国家标准 包装饮用水: GB 19298—2014[S].

[5] 中华人民共和国市场监督管理委员会, 中国国家标准化管理委员会. 包装饮用水 (桶装)全自动冲洗灌装封盖机 通用技术规范: GB/T 38458—2020[S].

[6] 中华人民共和国国家卫生健康委员会,国家市场监督管理总局. 食品安全国家标准 饮用天然矿泉水: GB 8537—2018[S].

[7] 卫法监发〔2001〕161 号. 关于印发生活饮用水卫生规范的通知[EB/OL]. 2001-06-07.

[8] 中华人民共和国建设部. 饮用净水水质标准: CJ 94—2005[S].

[9] 卓然. 发达国家如何保障饮用水安全[J]. 科学与文化, 2012(10): 6-7.

[10] 廖树发. RO-UV 组合工艺在管道直饮水系统的应用研究[D]. 广州: 华南理工大学, 2015.

[11] 金毓荃, 李坚, 孙治荣. 环境工程设计基础[M]. 北京: 化学工业出版社, 2002.

[12] 李忆, 范瑾初. 上海浦东新区锦华小区管网分质供水系统设计特点[J]. 给水排水, 1997(4): 15-17.

[13] 廖振良, 赵宇, 俞国平. 对上海浦东新区分质供水的探讨[J].给水排水, 1996, 22(7): 18-20.

[14] 李云, 李冬. 我国"管道分质供水"现状[J]. 中国给水排水, 1999(1): 26-27.

[15] 刘起香, 陈华. 深圳市梅林一村管道直饮水设计体会[J]. 中国给水排水, 2000, 16(3): 31-33.

第❷章

管道直饮水的制备技术

2

本章着重介绍管道直饮水的预处理技术、膜分离技术和强化消毒技术，包括砂滤、活性炭过滤、纳滤、反渗透等深度过滤净水技术和臭氧氧化、紫外线杀菌等直饮水深度消毒技术。

2.1

管道直饮水的预处理技术

2.1.1 预处理的目的

管道直饮水预处理的目的为去除原水中的悬浮物、胶体和藻类等，以保证后续膜过滤组件的安全。

管道直饮水一般采用市政供水即自来水作为原水。由于受到水源水质微污染、长距离管道输送二次污染等多种因素的影响，自来水水质往往不能稳定达标，或多或少存在细微悬浮物、胶体甚至藻类，使浊度超标，这些细微颗粒物如果不去除，会对后续膜过滤设备造成堵塞，严重影响后续净水设备的运行。因此，管道直饮水预处理是非常必要的，是深度净水设备正常运行的保证。

2.1.2 预处理装置的构成

管道直饮水预处理装置主要由多介质过滤器、活性炭过滤器、软化过滤器和精密过滤器构成。

2.1.2.1 多介质过滤器

多介质过滤器是指采用两种或多种填料介质作为滤层使原水得到澄清的过滤器。

用于水处理设备中的进水过滤的粒状材料称为滤料。常见的滤料有多孔陶瓷、石英砂、活性炭、磁铁矿、无烟煤、石榴石、塑料球等，不同种类的滤料具有不同的过滤特性，适合净化的水质类型也不同。

一般说来，去除水中悬浮物可用石英砂、无烟煤、磁铁矿等滤料；去除水中有机物、脱色、脱氯、去味可选用活性炭滤料；地下水除铁、除锰可采用锰砂滤料；除含油污水可采用果壳等滤料；工业废水中 NH_4^+、重金属离子的去除及含磷废水中磷的去除可选用沸石滤料；生活用水、工业给水、工业废水中余氯和重金属离子等的去除可选用铜锌合金滤料；给水中除氟、颜料与染料废水脱色、造纸废水脱臭等可选用活性氧化铝滤料。但是，滤料的净水特性与净水效果同滤料的种类与品质密切相关。

下面介绍几种常见滤料的品质要求与特性。

（1）石英砂滤料

石英砂滤料是我国目前使用极其广泛的一种滤料，也是管道直饮水系统预处理中最常用的滤料。它是采用高纯度的石英矿石，经破碎、筛分、水洗加工而成，用于截留水中悬浮物、胶体等颗粒杂质。

根据我国建设部行业标准《水处理用滤料》（CJ/T 43—2005），石英砂滤料应满足以下品质要求：

① 破碎率和磨损率之和不应大于 1.5%（按质量计）；

② 密度不应小于 2.55g/cm³；

③ 不含可见泥土、云母和有机杂质，含泥量不应大于 1%，密度小于 2g/cm³ 的轻物质的含量不应大于 0.2%；

④ 滤料的水浸出液应不含有毒物质；

⑤ 滤料的灼烧减量不应大于 0.7%，盐酸可溶率不应大于 3.5%。

满足上述要求的石英砂滤料表面应基本洁白，颗粒大致均匀，如图 2-1 所示。

图 2-1　石英砂滤料

（2）无烟煤滤料

无烟煤滤料是以优质无烟煤为原料，经破碎、筛分、水洗加工而成，如图 2-2 所示。

图 2-2　无烟煤滤料

无烟煤滤料特点是：固定碳含量高、密度大、强度大、外观光泽度好、化学性能稳定、具有较好的固体颗粒保持能力，能可靠地加快悬浮颗粒的清除，并且不含有毒有害物质，在酸性、中性水中均不溶解。

无烟煤滤料抗压耐磨性强，有足够的比表面积和合理的粒径级配。由于无烟煤滤料具有较好的固体颗粒保持能力，因此能够可靠地提高悬浮颗粒清除能力。

无烟煤滤料不单独使用，一般和石英砂滤料等其他净水材料配合使用。目前，无烟煤滤料是我国使用极其广泛的滤料之一。

对无烟煤滤料的品质要求：

① 破碎率和磨损率之和小于 2%（按质量计）；

② 平均密度一般不小于 1.4g/cm³ 且不大于 1.6g/cm³；

③ 应不含可见泥土、页岩和外来碎屑，含泥量小于 3%、密度大于 1.8g/cm³ 的物质含量不应大于 8%；

④ 无烟煤滤料的盐酸可溶率不应大于 3.5%；

⑤ 用于生活饮用水的无烟煤滤料的粒径范围为 0.8～1.2mm 和 1.2～2mm，小于指定下限粒径的不应大于 3%（按质量计），大于指定上限粒径的不应大于 2%（按质量计），并且均匀系数不得超过 1.5。

（3）多孔陶瓷滤料

多孔陶瓷滤料一般做成多孔陶粒。多孔陶瓷滤料是选用优质陶土，添加成孔剂、黏溶剂，经球磨、筛分、成形、煅烧而成的轻质多微孔球型滤料。其外观如图 2-3 所示。

(a)

(b)

图 2-3　多孔陶瓷滤料

陶瓷滤料具有机械强度高、抗磨损、孔隙率高、比表面积大、吸附能力强的特点。并且化学性能稳定、使用寿命长、颗粒均匀、密度适宜、不易板结、截物能力强。陶瓷滤料能广泛用于生活用水、工业给水、城市污水等的深度净化。

多孔陶瓷滤料的品质应符合我国建设部行业标准《水处理用滤料》（CJ/T 43—2005）的要求，具体要求如下：

① 破碎率和磨损率之和不应大于 3%（按质量计）；

② 平均密度一般不小于 $0.8g/cm^3$，不大于 $1.5g/cm^3$；

③ 应不含可见泥土、页岩和外来碎屑，含泥量不应大于 3%；

④ 盐酸可溶率不应大于 3.5%。

（4）活性炭滤料

活性炭是一种多孔炭质吸附剂，具有化学性质稳定、机械强度高、易再生等特点。其比表面积高达 $50\sim1500m^2/g$，孔容积则在 $0.7\sim1.8cm^3/g$ 之间，由于活性炭具有非常大的内表面结构，其可吸附量是很大的，因此常作为吸附剂和过滤滤料广泛应用于净水、废气净化等环保领域。活性炭主要有颗粒活性炭（GAC）和粉末活性炭（PAC）两种形式，如图 2-4 所示。

(a) GAC

(b) PAC

图 2-4　颗粒活性炭和粉末活性炭

活性炭的主要构成元素为 C，质量占比达 80%以上，其余为两种非碳附加物[1]。

其一是与碳化学键合的异质元素，主要为氧、氢、硫和卤素，由于炭化不完全而保留在炭结构中或者是在活化时化学结合在炭表面，如用硫酸活化时硫元素会通过化学键结合在炭表面上。活性炭中这类非碳附加物的存在对活性炭的吸附特性和其他性能有重大影响，它的种类和数量不仅取决于原材料的种类，也取决于炭化和活化的工艺条件。

其二是附在活性炭孔隙内的灰分，其组成与含量主要取决于原材料的种类。例如，木质活性炭灰分在 3%～8%，煤质活性炭灰分一般高于 10%。灰分对活性炭的吸附作用往往是惰性的。

活性炭的原料主要是高含碳的材料，例如煤、木材、沥青、椰壳、稻壳、花生壳、玉米芯、甘蔗渣、芦苇等[2-5]，以及某些人工合成的高分子聚合物，甚至废菌渣、污水处理厂剩余污泥等也可用来制备活性炭[6]。

活性炭制备工序分为炭化与活化两部分。炭化过程用于去除原料中的非碳物质，对碳原子进行重新组合形成石墨微晶结构并提供初始孔隙，其产物为炭质前驱体；活化过程是为了提高炭质前驱体的孔隙体积、扩大孔径、增加孔隙率，其产物是活性炭。

活性炭的制备一般有物理法和化学法两种方法。

活性炭的物理制备方法是先将原材料进行炭化，然后经适当气体活化剂在高温（800～1000℃）下活化生成活性炭。在炭化热处理过程中，原料中的水分和低分子量挥发物首先被释放，然后是轻芳烃，最后是氢气，炭化产物为炭质前驱体。由于炭质前驱体的孔隙中充满了焦油热解残渣，因而需要通过活化去除这些残渣，增加孔隙率，才能具备活性炭的特性。水蒸气和二氧化碳是物理活化最常用的活化气体。活化过程中，碳与氧化气体反应，使颗粒部分气化，在颗粒内部形成新孔或多孔结构。高温下炭质前驱体与物理活化剂发生的化学反应如下：

$$C + H_2O \longrightarrow H_2 + CO \tag{2-1}$$

$$C + CO_2 \longrightarrow 2CO \tag{2-2}$$

活性炭物理制备法生产工艺简单，不存在设备腐蚀和环境污染等问题，制得的活性炭免清洗，可直接使用，已经得到越来越多的关注和应用。

活性炭化学制备法是将原料与化学药品混合浸渍一段时间后，将炭化和活化一步完成。常用的活化试剂有 $ZnCl_2$、H_3PO_4、$NaOH$、KOH 和 K_2CO_3 等。

净水活性炭滤料是一种用于净化水的活性炭。用活性炭滤料吸附法净化水就是利用其多孔性固体表面，吸附去除水中的异味、色度、余氯、有机物、重金属等有害物质，使水得到净化。研究表明，活性炭对分子量 500～1000 范围内的有机物具有较强的吸附能力。活性炭对有机物的吸附受其孔径分布和有机物特性的影响，主要是受有机物的极性和分子大小的影响。同样大小的有机物，溶解度越大，亲水性越强，活性炭对它的吸附性越差；反之，活性炭对溶解度小、亲水性差、极性弱的有机物如苯类化合物和酚类化合物等具有较强的吸附能力。

活性炭用于净水应当满足国家相关标准要求。对于净水用木质活性炭，应当满足国家标准《木质净水活性炭》（GB/T 13803.2—1999），具体要求如下。

① 外观：黑色无定形颗粒状，本身无毒、无臭、无味；

② 不纯物：不能含有对人体健康有毒或有害的物质；

③ 质量指标：应符合表 2-1 要求。

表 2-1　木质净水活性炭质量指标要求

项目		指标	
		一级品	二级品
碘吸附值/（mg/g）		≥1000	≥900
亚甲基蓝吸附率/（mL/0.1g）或（mg/g）		≥9.0（135）	≥7.0（105）
强度/%		≥94.0	≥85.0
表观密度/（g/mL）		0.45～0.55	0.32～0.47
粒度	2.00～0.63mm/%	≥90	≥85
	0.63mm 以下/%	≤5	≤5
水分/%		≤10.0	≤10.0
pH 值		5.5～6.5	5.5～6.5
灰分/%		≤5.0	≤5.0

活性炭质量指标说明如下。

① 碘吸附值：是指剩余碘浓度为 0.02mol/L（1/2 I_2）下每克炭吸附的碘量。其测试原理是称取一定量的活性炭样品与配制好的已知浓度的碘溶液充分振荡混合吸附后，用滴定法测定溶液中残留的碘值，计算出每克活性炭样吸附碘的质量［一般以毫克（mg）为单位］。活性炭的碘值与活性炭中直径＞10Å（1Å=10^{-10}m）的孔隙表面积相关。

② 亚甲基蓝吸附率：是指 1.0g 活性炭与浓度为 1.0mg/L 的亚甲基蓝溶液达到平衡状态时吸收的亚甲基蓝的质量［一般以毫克（mg）为单位］。其测试方法是先测试 0.1g 活性炭吸附的亚甲基蓝的质量，然后乘以 15，得到每克活性炭吸附的亚甲基蓝的质量。

③ 表观密度：是指活性炭的质量与其表观体积之比。

④ 水分：是指活性炭所含水分的质量百分比。

⑤ 灰分：是活性炭内在灰分的百分比。

（5）磁铁矿滤料

磁铁矿滤料是磁铁矿石经破碎、筛分、水洗加工而成，外观如图 2-5 所示。

磁铁矿滤料由于使用的颗粒粒径最小，在双层或多层滤料过滤中都是起着处理水质最后把关的作用。磁铁矿滤料适用于管式大阻力配水系统，主要对改进承托层和配水系统有着良好的适用能力，强度高，滤速快，反冲洗时不易混层。另外，它对除铁、除锰、除氟作用也很明显。

磁铁矿滤料的品质应符合我国建设部行业标准《水处理用滤料》（CJ/T 43—2005）的要求，具体要求如下：

① 不应含可见的泥土、粉屑、云母或有机杂质；

② 密度介于 4.4～5.2g/cm³；

(a) 磁铁矿石

(b) 磁铁矿滤料

图2-5　磁铁矿滤料

③ 含泥量小于2.5%；

④ 在加工和过滤、冲洗过程中能抗腐蚀，盐酸可溶率不应大于3.5%。

多介质过滤器主要由过滤器体、滤料、配套管线、阀门、布水组件、反洗气管和排气阀等组成，如图2-6所示。

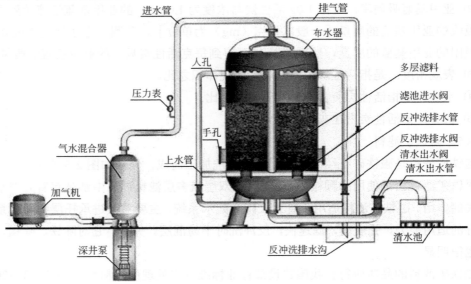

图2-6　多介质过滤器的构成示意

1）内滤层构成

过滤器内多介质滤料根据其密度和粒径的大小在过滤器罐体内科学有序地分布：以三

层滤床为例，上层滤料粒径最大，由密度小的轻质滤料组成，如无烟煤、活性炭；中层滤料粒径居中，密度居中，一般由石英砂组成；下层滤料由粒径最小、密度最大的重质滤料组成，如磁铁矿。由于密度差的限制，三层介质过滤器的滤料选择基本上是固定的。上层滤料起粗滤作用，下层滤料起精滤作用，这样就充分发挥了多介质滤床的作用，出水水质明显好于单层滤料的滤床。选择滤料时，应考虑到：a.不同滤料具有较大的密度差，保证反洗扰动后不会发生混层现象；b.要求下层滤料粒径小于上层滤料粒径，以保证下层滤料的有效性和充分利用；c.根据产水用途选择滤料，而对于饮用水，一般禁止使用无烟煤、树脂等滤料。

2）工作原理

当正常过滤时，加压水从进水管进入过滤器内，然后通过布水器均匀喷洒到表层滤层的表面，在压力作用下向下透过多层滤料，最后从底部排水阀排出到清水罐。由于滤料粒径是表层粗、底层细，使得水中的污染物被逐层滤除。当反冲洗时，关闭进水管阀门，加压水与压缩空气从反冲洗管进入过滤器底部，在压力和水汽混合擦洗作用下，从底层滤层向上透过多层滤料，将黏附于滤料表面或颗粒间的细小物质剥离并被反冲洗水流带走，随反冲洗水流排入反冲洗排水沟，如图 2-7 所示。

3）反冲洗周期

多介质过滤器运行状态下进出口压力差正常值为 0.05～0.6MPa，当压力差为 0.07MPa 时就必须对过滤器进行反冲洗。

4）滤料的更换周期

根据滤料的种类和水质确定，原则上如果经过反冲洗后，过滤器出水在一段时间内水质明显有差异，且出水量也在下降和变小，这时就需要更换滤料。多介质过滤器更换滤料推荐整体更换，不建议只更换其中一层滤料。

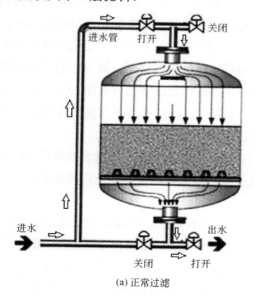

(a) 正常过滤

图 2-7

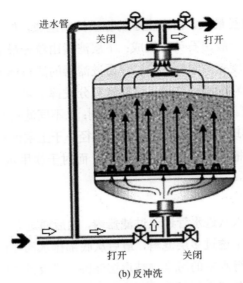

(b) 反冲洗

图 2-7 多介质过滤器的工作原理示意

2.1.2.2 活性炭过滤器

活性炭过滤器属于单介质过滤器，其工作原理和结构与多介质过滤器相似，只是滤层只有一层，滤料只有活性炭。其外壳一般采用不锈钢、碳钢或者玻璃钢。净水活性炭有椰壳炭、果壳炭、木质炭等品种，根据原水和出水水质要求的不同，选用合适类型的活性炭，其中椰壳活性炭由于其良好的吸附和截留性能，最常用于管道直饮水设备的预处理过程中[7]。

活性炭过滤器能够吸附石英砂过滤中无法去除的余氯，并且对水中的异色异味、胶体、氢化物、硫化物、三氯甲烷、农药和重金属离子等有较明显的吸附去除作用，还具有降低化学需氧量（COD）、降低反渗透装置进水的 SDI 值的作用，还可以通过反洗滤料再生，恢复其吸附性能[8]。其中 SDI 值是指淤泥密度指数（silting density index，SDI），是水质指标的重要参数之一，代表水中细小颗粒、胶体和其他能阻塞各种水净化设备的物体含量。活性炭过滤器可有效去除对后续反渗透或离子交换有害的腐殖酸等有机物质、胶体物质和一些重金属物质。通常情况下，活性炭过滤器可去除 63%～86% 的胶体物质、50% 左右的铁、60% 左右的有机物质，为后续反渗透或离子交换过程提供安全的进水条件。

活性炭过滤器的运行注意事项如下：

① 进水浊度控制在 5mg/L 以下。因为过高的进水浊度会带给活性炭滤层过多的杂质，这些杂质被截留在活性炭层中，会堵塞滤层间隙及活性炭表面，阻碍活性炭的吸附作用，加速活性炭的老化失效。

② 适时进行反冲洗。反冲洗周期的长短是影响滤池净水效果的主要因素。反冲洗周期过短，浪费水资源；反冲洗周期过长，活性炭吸附效果降低。一般来说，在进水浊度小于 5mg/L 条件下，应 4～5d 反冲洗一次，确保出水 SDI≤4。

③ 及时定期更换滤料。在正常运行的情况下，可根据出水 SDI 值确定是否需要更换

活性炭滤料。一般说来，当 SDI≥4 时，建议更换滤料。

2.1.2.3 软化过滤器

软化过滤器又叫离子交换器，是采用离子交换剂对原水进行软化，主要目的是让离子交换剂交换水中的钙离子、镁离子，降低原水的硬度，一般用于反渗透处理工艺的预处理。常用的离子交换剂有钠型树脂、强酸性 H 型树脂和弱酸性 H 型树脂。管道直饮水系统中主要用钠型树脂作为离子交换剂。

软化过滤器通常由树脂罐、盐箱、连接管线和控制器等组成，其工作原理示意如图 2-8 所示。直饮水系统中的软化过滤器一般采用不锈钢制作罐体；其控制器可分为自动冲洗控制器、手动冲洗控制器两种，自动控制器可自动完成软水、反洗、再生、正洗及盐箱自动补水全部工作的循环过程。

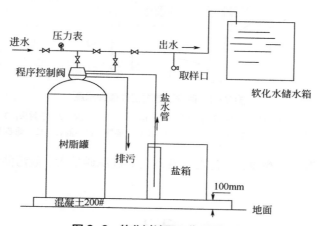

图 2-8 软化过滤器工作原理示意

软化过滤器的工作原理：当含有硬度离子的原水通过软水器内树脂层时，水中的钙离子、镁离子被树脂交换吸附，同时释放出等物质的量的钠离子。从软水器内流出的水就是去掉了硬度离子的软化水。当树脂吸收了一定量的钙离子、镁离子后，就必须进行再生。再生过程就是用盐箱中的食盐水（NaCl 浓度约为 10%）冲洗树脂层，把树脂上的硬度离子再置换出来，随再生废液排出箱外，树脂就又恢复了软化交换能力。

2.1.2.4 精密过滤器

精密过滤器又叫保安过滤器，一般用于膜过滤的前处理。其工作原理示意如图 2-9 所示。

根据不同的出水水质要求，选择不同的过滤介质及不同的过滤元件。若采用聚丙烯（PP）熔喷滤芯，能去除原水中粒径在 1μm 以上的污染物；若采用折叠滤芯，能去除原水中粒径在 0.1μm 以上的污染物，使出水水质达到反渗透的进水水质要求，防止这些杂质进入过滤膜装置，损坏膜的表面导致影响膜的脱盐性能。

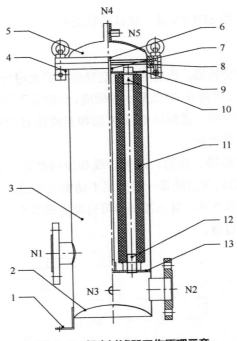

图2-9 保安过滤器工作原理示意

N1—进水口；N2—出水口；N3—排污口；N4—压力表口；N5—排气口；1—支脚；2—下封头；3—筒体；4—快装法兰；
5—上封头；6—吊杆；7—螺母；8—密封圈；9—上压板；10—滤芯上插件；11—滤芯；12—滤芯下插件；13—下花板

精密过滤器具有过滤精度高、滤芯孔径均匀、过滤通量大、截污能力强和使用寿命长
等特点。

2.2

管道直饮水的膜分离技术

2.2.1 基本概念

2.2.1.1 膜与分离膜

广义上讲，"膜"是具有隔绝作用的薄层状物质的统称，其厚度可以从数微米到数毫
米。从构成膜的物质的分子排列规律来说，膜是二维伸展的分子结构体，有一定宏观厚度
和强度的称为薄膜（film），常见的有各种化学组成的隔膜、孔性膜、油膜、液膜等，甚
至薄片状物也可称为膜。在相界面上以不同方法形成的具有一定特别功能和厚度不大于几
个分子层的两亲分子有序结构也称为膜（membrane），如细胞膜、半透膜、LB
（Langmuir-Blodgett）膜等。本书所涉及的"膜"专指具有选择性分离功能的材料，也称
分离膜（separation membrane），它可以使流体相中的一种或多种物质透过，而不允许其
他物质透过，从而起到分离、纯化和浓缩等作用。

膜可以是均相的或非均相的、对称形的或非对称形的、固态的或液态的（甚至气态的）、

中性的或荷电性的。被膜分离的流体物质可以是液态的，也可以是气态的。

膜有两个突出的特征：

① 膜是两相之间的界面，分别与两侧的流体相接触；

② 膜具有选择透过性。

2.2.1.2　半透膜、渗透与反渗透

半透膜（semipermeable membrane）是分离膜的一种，通常指只允许离子或小分子自由通过的薄膜。物质是否能通过半透膜，一是取决于膜两侧离子或分子的浓度差，即只能从高浓度侧向低浓度侧移动；二是取决于离子或分子直径的大小，只有粒径小于半透膜孔径的物质才能自由通过。标准的半透膜应该是无生物性，膜上无载体，膜两侧也无电性上的差异。

在相同的外压下，利用半透膜将溶液与纯溶剂隔开时，溶剂通过半透膜自动地向溶液扩散的现象称为渗透（osmosis），又称正渗透。表面上看来，溶剂通过半透膜渗透到溶液中，使得溶液体积增大，浓度变小，当单位时间内溶剂分子从两个相反的方向穿过半透膜的数目彼此相等时，即达到渗透平衡。

当半透膜隔开溶液与纯溶剂时，加在原溶液上使其恰好能阻止纯溶剂进入溶液的额外压力称为渗透压，通常溶液越浓，渗透压越大。如果加在溶液上的压力超过了渗透压，反而使溶液中的溶剂向纯溶剂方向流动，这个过程称为反渗透。反渗透膜分离技术就是利用反渗透原理进行分离的方法。

2.2.1.3　膜组件

在工业规模生产或要求较高产率的试验中，膜分离单元称为膜组件，所谓膜组件就是将各种形态的反渗透膜制成一定构型的元件，然后将元件置于压力容器中，并提供给水、浓水和产品水的通道。一个膜组件膜的装填密度要大，同时要求给水在通过膜表面时能够均匀分布且有良好的流动状态，使膜的截留率和透水量得到充分利用。目前膜的构型多为螺旋卷式和中空纤维式。

2.2.1.4　膜分离与膜分离技术

膜分离是指以天然或人工合成的高分子薄膜为介质，以外界能量或化学势差为推动力，利用分离膜的选择透过性功能实现对混合物中不同物质进行分离、纯化和浓缩的过程，如图 2-10 所示。膜分离技术则可理解为膜分离过程中所用到的一切手段和方法总和。

膜分离过程兼具分离、纯化和浓缩的功能，可以将混合流体分离成透过物和截留物。将透过物和截留物都作为产物的膜分离过程称为分离；以透过物为产物的膜分离过程称为纯化或提纯；以截留物为产物的膜分离过程称为浓缩。

与传统的分离方法（如吸附、蒸馏、萃取、沉淀、分馏等）相比，膜分离具有以下优点：

① 分离过程在常温下进行，有效成分损失极少，特别适用于热敏性物质，如蛋白质、酶、药品的分离、分级、浓缩和富集；

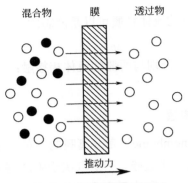

图 2-10 膜分离过程示意

② 无相态变化，不需要液体沸腾，也不需要气体液化，保持原有的形态；

③ 无化学变化，典型的物理分离过程，不需要投加化学药剂；

④ 应用范围广，对无机物、有机物及生物制品均可适用，还适用于许多特殊溶液体系的分离，如溶液中大分子与无机盐的分离，一些共沸点物及近沸点物系的分离等；

⑤ 能耗低，只需电能驱动，其费用约为蒸发浓缩或冷冻浓缩的 1/8~1/3；

⑥ 膜分离装置简单、操作容易、制造方便、不产生二次污染、易于实现自动化。

鉴于膜分离的优越性，膜分离技术在饮用水净化、海水淡化、工业废水和生活污水处理与回用以及化工、医药、食品等行业的分离、纯化和浓缩等领域得到广泛应用。膜分离技术被视为 21 世纪最具发展前景的高新技术之一。

2.2.2 分离膜的分类及特点

分离膜是膜分离技术的核心，膜分离过程中的分离驱动力可以是压力差、浓度差、温度差、电位差或化学反应等。膜有很多种分类方式，如按膜的来源、膜的材料、膜的孔径特征、膜的结构、膜的物理形态等进行分类。

2.2.2.1 按膜的来源分类

按膜的来源，可分为天然膜和合成膜。天然膜（natural membrane）指自然界存在的生物膜或由天然物质改性或再生形成的膜。合成膜（synthetic membrane）是指由高聚物和无机物分别或复合制成的具有分离功能的渗透膜，主要包括无机膜（陶瓷膜、金属膜、玻璃膜等）、有机聚合物膜（简称有机膜）、无机/有机复合膜。无机膜耐热性和化学稳定性好，但制作成本较高；有机膜易于制备、成本低，但在有机试剂中易溶胀甚至溶解，耐热性和力学性能较差。

2.2.2.2 按膜的材料分类

按膜的材料，可分为有机膜和无机膜。

（1）有机膜

有机膜（organic membrane）种类很多，如纤维素类、聚酰胺类、聚砜类、聚烯烃类、含氟聚合物类和芳香杂环类等，成本较低，广泛应用于水处理中，但易污染，寿命较短。

（2）无机膜

无机膜（inorganic membrane）指以陶瓷、金属、金属氧化物、沸石、玻璃等无机材料为分离介质制成的半透膜，其中以陶瓷微滤膜最为常见。无机膜具有耐热性和化学稳定性好，耐酸、耐碱、耐有机溶剂，抗微生物性能强，力学性能突出，使用寿命较长等优点；但是由于无机膜性脆，加工成型以及制备组件难度较大，生产成本较高，在一定程度上也限制了其应用。

2.2.2.3 按膜的孔径特征分类

液体分离膜按照膜孔径的不同或阻留微粒的表观尺寸不同，可分为微滤（microfiltration，MF）膜、超滤（ultrafiltration，UF）膜、纳滤（nanofiltration，NF）膜和反渗透（reverse osmosis，RO）膜。微滤膜孔径范围为 $0.1\sim10\mu m$，一般通过筛分、吸附和架桥等作用截留 $0.1\sim10\mu m$ 的颗粒和细菌等；超滤膜孔径范围为 $5\sim100\ nm$，通过膜表面和膜孔内的吸附、孔内堵塞和表面的截留等作用，以分离水溶液中的大分子、胶体和蛋白质等；纳滤膜孔径在 1nm 以上，一般为 $1\sim2nm$，用于分离分子量为几百至 1000 的分子；反渗透膜孔径小于 1nm，平均孔径为 $0.1\sim0.2nm$，透过性的大小与膜本身的化学结构有关。

2.2.2.4 按膜的结构分类

按结构不同，膜有致密、多孔之分，按照断面孔的分布可分为对称膜、不对称膜和复合膜。通常要根据使用目的和需要的不同有针对性地进行选择。

（1）对称膜

膜的截面结构是对称的、各向同性的，没有皮层，所有方向上的孔隙都是一样的，属于深层过滤膜。

（2）不对称膜

膜的截面结构不对称，具有较严密的表层和以指状结构为主的底层，表层和底层材料相同，表层厚度为 $0.1\mu m$ 或更小并具有排列有序的微孔，底层厚度为 $200\sim250\mu m$，属于表层过滤膜。

（3）复合膜

膜截面结构类似于不对称膜，但其表层与底层分别由不同的材料制成，表层多由致密芳香聚酰胺制成，底层多由聚砜制成。

2.2.2.5 按膜的物理形态分类

按膜的物理形态分类，可分为板式膜、管式膜、中空纤维膜和卷式膜等。目前超滤及微滤分离过程中多使用中空纤维膜，而反渗透及纳滤分离过程中多为卷式膜。

板式膜的外形像纸片，通常是把铸膜液刮在无纺布或纤维支撑布上制得，主要用于制备板框式和螺旋卷式膜分离元件。

管式膜指在圆筒状支撑体的内侧或外侧刮制上半透膜而制得的管形分离膜,其支撑的构造或半透膜的刮制方法随处理原料液的输入方式及透过液的导出方式而异。管式膜的管径一般为 4.0~24.0mm,长 0.5~4.0m。

中空纤维膜是一种极细的空心管膜,外形呈纤维状,具有自支撑作用,非对称膜的一种,其致密层可位于纤维的外表面,也可以位于纤维的内表面。中空纤维膜按进水水流方式可分为外压式和内压式,按膜系统制造方式可分为压力式和浸没式。

卷式膜多为复合膜,受高分子溶液性质的限制,非对称膜致密层最薄只能达到 30~100nm。致密表层薄膜的透水率大是其特点。此外,复合膜皮层与支撑层一般采用不同的膜材料,为表层材料的选择提供了更多的可能。

2.2.2.6 其他分类方法

按膜凝聚状态,可分为气态膜、液态膜和固态膜,其中固态膜是应用最为广泛的膜。

按膜电荷状况,可分为荷电膜(如离子交换膜、纳滤荷电膜)和非荷电膜。

按膜作用机理,可分为吸附膜、扩散膜、离子交换膜、选择性渗透膜和非选择性渗透膜。

按膜用途,可分气相系统用膜、气-液系统用膜、气-固系统用膜、液-液系统用膜、液-固系统用膜。

2.2.3 管道直饮水的膜分离技术应用

水质直接影响着人们的健康。随着居民对饮水质量要求的不断提高,国内对水处理尤其是深度水处理的需求越来越迫切,水处理的核心元件——膜的应用越来越广泛。膜技术以其原理简单、操作方便、超强的净化效果被广泛用于管道直饮水行业中。目前,管道直饮水行业普遍采用的膜技术为微滤(microfiltration,MF)、超滤(ultrafiltration,UF)、纳滤(nanofiltration,NF)及反渗透(reverse osmosis,RO)。

2.2.3.1 微滤(MF)

微滤又称精密过滤、微孔过滤,属于压力推动的膜工艺系列,操作压力一般小于0.3MPa,可以截留溶液中的砂砾、黏土等颗粒以及甲第鞭毛虫、隐孢子虫、藻类和一些细菌等。微滤膜是指一种孔径范围为 0.1~10μm,高度均匀,具有筛分过滤作用的多孔固体连续介质。基于微孔膜发展起来的微滤技术是一种精密过滤技术。微滤技术应用广泛,在管道直饮水系统中常作为反渗透、纳滤或超滤的预处理。

(1)微滤技术原理[9]

通常认为,微滤膜的分离机理主要是筛分截留,膜孔结构(孔径大小)和物质大小对分离效果起决定作用。

过程中对溶质的截留包括:

① 直接机械截留(筛分),即尺寸大于孔径的物质被直接截留;

② 架桥截留,指一些小于孔径的固体颗粒或大分子物质在膜的微孔入口因架桥作用

而被截留；

③ 膜内部截留（也称为网络截留），即通过膜表面的较小物质被膜内部的网络孔截留，发生在膜的内部，由膜孔的曲折引起，往往对膜孔形成堵塞作用，不利于膜应用；

④ 吸附截留，指尺寸小于膜孔径的物质通过物理或化学作用吸附而截留，该截留也会对膜通量产生一定影响。

（2）微滤膜的特点[10]

依据微孔形态的不同，微滤膜可分为两类：弯曲孔膜和柱状孔膜。

弯曲孔膜的微孔结构为交错连接的曲折孔道的网络，可通过相转化法、拉伸法（相分离）或烧结法制得，其孔径测定采用泡点法、压汞法等。弯曲孔膜是最为常见的微滤膜，可用于大多数聚合物的滤除，由于其微孔网状结构，孔隙率可达 35% 及以上。

柱状孔膜的微孔结构为几乎平行的贯穿膜壁的圆柱状毛细孔结构，其孔径可通过扫描电镜（SEM）直接测定。柱状孔膜的孔隙率较低，一般低于 10%，但由于柱状孔膜的膜厚度在 15μm 以下，故其通量还是比较客观的。

孔径分布是微滤膜的一个重要指标，图 2-11 给出了某微滤膜的孔径分布示意。膜的孔径可以用标称孔径或绝对孔径来表征。绝对孔径表明等于或大于该孔径的粒子或大分子都会被截留，而标称孔径则表示该尺寸的粒子或大分子以一定的百分数（95%或98%）被截留。

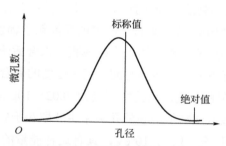

图 2-11   微滤膜孔径分布示意

与深层过滤介质如硅藻土、沙等相比，微滤膜具有以下特点：

① 属于绝对过滤介质。微滤膜主要以筛分截留来实现分离目的，使所有比膜孔径绝对值大的粒子全部截留；而深层过滤介质过滤不能达到绝对的要求，因此微滤膜属于绝对过滤材料。

② 孔径均匀，过滤精度高。微滤膜最大孔径与平均孔径之比为 3～4，孔径分布基本呈现正态分布，常被作为起保证作用的手段，过滤精度高，可靠性强。

③ 通量大。由于微滤膜的孔隙率高，在同等过滤精度下，微滤膜的过滤通量比滤料过滤器大几十倍。

④ 吸附量小。由于微滤膜厚度只有 0.1～10μm，对过滤对象的吸附量很小，尤其在过滤贵重物料时因吸附造成的损失较小。

⑤ 无介质脱落，不产生二次污染。微滤膜为连续的整体结构，没有一般深层过滤介质可能产生卸载和滤材脱落的不足。

⑥ 颗粒容纳量小，容易堵塞。微滤膜内部的比表面积小，颗粒容纳量小，易被物料中与膜孔大小相近的微粒堵塞。

（3）微滤膜材料及制备技术

制备微滤膜的材料是十分广泛的，主要包括有机高分子材料、无机材料和有机-无机复合材料。目前大规模应用的微滤膜以高分子膜为主，常用的高分子微滤膜材料为聚偏氟乙烯（PVDF）、聚丙烯（PP）和聚乙烯（PE）等疏水性材料。纤维素类材料是早期常使用的微滤膜材料，内部为均匀的贯穿孔，孔隙率在 70%～80%，截留作用完全，过滤速度快。无机材料的微滤膜主要是陶瓷（如氧化铝、氧化锆）膜和金属（如不锈钢、钨、钼）膜。

下面介绍微滤膜的主要制备方法。

① 烧结法。一种非常简单的制备微滤膜的方法，且该方法只能用于制备微滤膜，既适用于制备有机膜，也可用来制备无机膜。它是将一定大小颗粒的粉末进行压缩，然后在高温下烧结，在烧结过程中，粒子表面由软变熔，颗粒间的界面逐渐消失，最后互相粘接形成多孔体。该法制得的膜的孔径为 0.1～10μm，且制得的膜的孔隙率一般较低，多在 10%～20%之间。

② 径迹蚀刻法。径迹蚀刻法制膜包括两个主要步骤：首先是使膜或薄片（通常是聚碳酸酯或聚酯，厚度为 5～15μm）接受垂直于薄膜的高能粒子辐射，在辐射粒子的作用下，聚合物（本体）受到损害而形成径迹；然后将此薄膜浸入合适浓度的化学刻蚀剂（多为酸或碱溶液）中，于一定温度下处理一定的时间，使径迹处的聚合物材料被腐蚀掉而得到具有很窄孔径分布的均匀的圆柱形孔，膜孔径范围为 0.02～10μm，但是膜表面孔隙率很低（最大约为 10%）。使用该方法制得的膜的孔隙率主要取决于辐射时间，而孔径由浸蚀时间决定。该法使用的辐射强度一般为 $10^6 eV$，具有这种能量的粒子的最大穿透厚度约为 20μm。如增大粒子能量则可选用更厚的薄膜，甚至采用无机材料，如云母。

③ 拉伸法。该法是通过熔融挤出将结晶性聚合物制成中空纤维或薄膜，通过后处理使聚合物沿挤出方向形成平行排列的片晶，然后经过拉伸，片晶结构分离，其间非晶区成孔。采用拉伸法制得的膜多为微孔膜，精确控制膜的孔径困难，孔径分布范围为 0.1～3μm，膜的孔隙率远高于烧结法，最高可达 90%。目前，该法制膜的材料主要有聚丙烯、聚乙烯等。

④ 相转化法。该法是通过控制某些条件，使聚合物均相溶液发生相分离，固化定形，最终得到聚合物多孔膜。相转化法也叫溶液沉淀法或聚合物沉淀法，是最重要的非对称膜制造法，成形较为容易，可控制参数较多，既可形成中空纤维膜，又可制备板式膜，市场中大多数膜产品由该法制备。在相转化法中，工业应用较多的有干法、湿法和热致相分离法。

⑤ 溶胶-凝胶法。20 世纪 80 年代初发展起来的溶胶-凝胶（sol-gel）过程是无机膜制

备上的一大突破。通常以金属醇盐为原料，经有机溶剂溶解后在水中通过剧烈快速搅拌进行水解，水解混合物经脱醇后，在 90～100℃以适量的酸（pH<1.1）使溶胶沉淀，溶胶经低温干燥形成凝胶，控制一定的温度与湿度继续干燥制膜。凝胶膜再经高温焙烧制成具有陶瓷特性的氧化物膜。常用的醇盐有 $Al(OC_3H_7)_3$、$Ti(i\text{-}OC_3H_7)_4$、$Zr(i\text{-}OC_3H_7)_4$、$Si(i\text{-}OC_3H_5)_4$、$Si(OCH_3)_4$。严格控制醇盐的水解温度、溶胶和凝胶的干燥温度和湿度，以及凝胶的焙烧温度和升温速率，可得到窄孔径分布和大孔隙率膜。

⑥ 阳极氧化法。该法是将高纯的金属薄片（如铝箔）于室温下在酸性介质中进行阳极氧化，再用强酸提取，除去未被氧化部分，制得孔径分布均匀且为直孔的金属微孔膜。该法控制好电解氧化过程，可以得到孔径均一的对称和非对称两种结构的多孔膜，膜的孔径一般在 0.02～2.0μm。

⑦ 聚合物热分解法。在真空或惰性气体保护下，将热固性聚合物高温热分解炭化，可以将有机膜制成多孔无机膜。由于聚合物特性，在热分解过程中汇总的收缩率较大，所以经常用于制备对称多孔膜。

2.2.3.2　超滤（UF）

超滤是介于微滤和纳滤之间的一种以压力差为推动力的膜分离过程，膜孔径范围为 5～100nm，但在实际应用中一般不以孔径大小进行表征，而是以截留分子量来表征[11]。与微滤膜一样，超滤膜也被视为多孔膜，分离机理可用筛分机理来解释，几乎能截留溶液中所有的细菌、热源、病毒、胶体微粒、蛋白质、大分子有机物。在管道直饮水系统中，以超滤作为深度处理的膜技术也被广泛应用，如深圳市梅林一村管道直饮水工程、上海世博园区直饮水工程等。

超滤膜的分离特性和透水性完全取决于膜孔径的大小。因为超滤膜主要用于分离大分子物质，所以切割分子量（molecular weight cut off，MWCO）能反应超滤膜孔径的大小，许多制造商也正是采用 MWCO 来表征超滤膜的分离性能[12]。MWCO 是指 90%能被截留的物质的分子量，例如某种膜的截留分子量为 10000，表示分子量大于 10000 的所有溶质有 90%以上能被这种膜截留。超滤膜制作完成后，可用实验手段测定其 MWCO 和纯水通量，以反映其分离能力和透水性能。

目前，国内外没有统一的测试 MWCO 的方法和基准物质，所以不同膜生产厂家提供的膜不能仅通过截留分子量特性进行比较[13]。下面介绍测定过滤膜 MWCO 的方法及步骤：

① 配制好一系列不同分子量的基准物质的缓冲液或水溶液；

② 用过滤膜分别过滤这些缓冲液或水溶液；

③ 测定过滤后出水中该基准物质的浓度，并据此计算该基准物质的截留率；

④ 制作基准物质分子量-截留率曲线，找出曲线上截留率为 90%的分子量，即为该过滤膜的切割分子量。

在实际应用中，一般采用葡聚糖作为基准物质，因为葡聚糖是指以葡萄糖为单糖组成的同型多糖，具有较宽的分子量分布范围（分子量在 10000～2000000 之间）和多种标准分子量规格。测定方法:分别配制浓度为 1000mg/L 的不同分子量(一般选取分子量为 2 万、4 万、10 万、20 万、50 万)的葡聚糖溶液(可用分析纯乙醇作稀释剂),在 0.1MPa 压力、水温约 25℃下,分别测定透过液和原液中的葡聚糖浓度,计算出膜对不同分子量葡聚糖的截留率。由于葡聚糖分子量越大,膜的截留率越高,故其中截留率大于 90% 的最小标准物分子量即为超滤膜的切割分子量[14-16]。

超滤膜制备的材料及方法与微滤膜相同。超滤膜的结构有对称和不对称之分,前者是各向同性的,没有皮层,所有方向上的孔隙都是一样的,属于深层过滤膜;后者具有较严密的表层和以指状结构为主的底层,表层厚度为 0.1μm 或更小并具有排列有序的微孔,底层厚度为 200～250μm,属于表层过滤膜。目前国内市场上的超滤膜多为不对称结构,且以国产为主。

用于工业化的膜组件的基本形式有管式、板式、卷式和中空纤维式 4 种。4 种膜组件的特性比较见表 2-2。超滤膜组件中有机膜通常有上述 4 种形式,但无机膜只有管式形成商品化,板式只是在实验室使用。

表 2-2　4 种膜组件的特性比较

特征	膜组件			
	卷式	中空纤维	管式	板式
填充密度/（m²/m³）	200～800	500～30000	30～328	30～500
组件结构	复杂	复杂	简单	很复杂
膜更换方式	组件	组件	膜或组件	膜
膜更换成本	较高	较高	中	低
预处理要求	较高	高	低	低
进水速度/［m³/（m²·s）］	0.25～0.5	0.005	1～5	0.25～0.5
进水侧压降/MPa	0.3～0.6	0.01～0.03	0.2～0.3	0.3～0.6
抗污性能	中等	差	非常好	好
清洗效果	较好	差	优	好
工程放大难易程度	中	中	易	难
相对费用	低	低	高	高

（1）管式超滤膜

从外形上看,管式膜与中空纤维膜均为圆柱体或类圆柱体。管式膜通常在内径 4～25mm、长度 0.3～6m 的玻璃纤维合成纸、无纺布、塑料、陶瓷或不锈钢等支撑体上流延而成。若干根单根膜管整装成一束膜管,放在塑料或不锈钢筒体内用适宜的方法定位紧固,构成管式膜组件,如图 2-12 所示。常用的管式组件外壳材料有玻璃钢、不锈钢、工程塑料等。

管式膜工作原理:原水流经膜管的内腔,在压力作用下,能透过管式膜的水分和小分子物质通过膜和多孔支撑管上的微孔向外透出,如图 2-13 所示。汇集后由筒侧透过液出口孔排出,如图 2-14 所示。

(a) 管式膜

(b) 多根管式膜整装成膜管

图 2-12　管式超滤膜结构示意

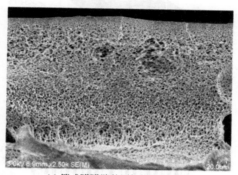

(a) 管式膜膜壁截面扫描电镜照片

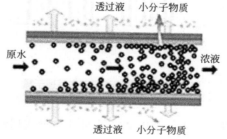

(b) 管式膜过滤原理

图 2-13　管式超滤膜过滤原理示意

原水经过管式超滤膜的过滤，由于膜进水通道是完全开放的，能应付悬浮物与有机物含量高的进水，并且对水质不稳定的进水有较强的抗冲击能力，可进行高品质过滤，高效率除去细菌、悬浮固体以及营养物质。

进液

透过液

透过液

浓缩液

图 2-14 管式膜管的工作原理示意

（2）板式超滤膜

板式超滤膜是采用超滤平板膜来过滤原水的，主要应用于大规模净水工程。板式超滤膜组件的膜、多孔膜支撑材料以及形成料液流道的空间和两个端重叠压紧在一起。

① 工作原理。料液由料液边空间引入膜面，经过平板膜过滤后，超滤水从膜的另一面排出，浓液从进水侧尾端排出，如图 2-15 所示。

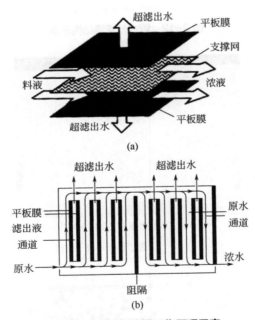

超滤出水 平板膜

支撑网

料液 浓液

超滤出水 平板膜

(a)

超滤出水 超滤出水

平板膜 原水
滤出液 通道
通道
原水 浓水

阻隔

(b)

图 2-15 板式超滤膜工作原理示意

② 特点。板式超滤膜通量大，但板式超滤组件与管式超滤组件相比，控制浓度极化比较困难，特别是溶液中含大量悬浮固体时，可能会使料液流道堵塞。在板式组件中通常要拆开或机械清洗膜，而且比管式组件需要清洗更多次。但是板式组件的投资费用和运行费用都比管式组件低。板式超滤膜是最原始的一种膜结构，由于占地面积大、能耗高，逐步被市场所淘汰，主要用于大颗粒物质的分离。

（3）卷式超滤膜

卷式超滤膜多为复合膜，受高分子溶液性质的限制，非对称膜致密性皮层最薄只能达到 30～100nm。致密表层薄膜的透水率大是其特点。另外，复合膜皮层与支撑层一般采用不同的膜材料。

卷式超滤膜是由中间为多孔支撑材料，两边是膜的"双层结构"装配组成的。其中 3 个边被密封而粘接成膜袋状，另一个开放的边沿与一根多孔中央集水管连接，在膜袋外部的原水侧再垫一层网状隔层，即将膜—多孔支撑体—原水侧网状隔层依次叠合，绕中央集水管紧密地卷在一起，如图 2-16 所示。

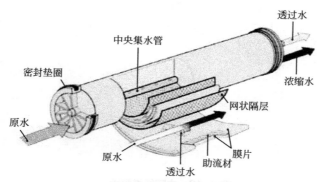

图 2-16　卷式超滤膜工作原理示意

卷式超滤膜组件具有膜面积大、结构紧凑、安装与维护简单、占地少、较其他超滤组件能耗低等优点。与管式超滤组件相比对预处理要求更高。

（4）中空纤维式超滤膜

中空纤维式超滤膜是将一定数量的中空纤维膜丝组合在一起构成的超滤装置，如图 2-17、图 2-18 所示。

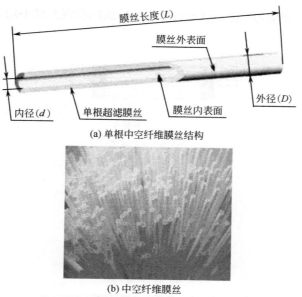

(a) 单根中空纤维膜丝结构

(b) 中空纤维膜丝

图 2-17　中空纤维膜丝

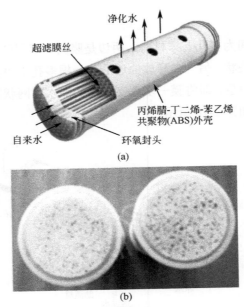

净化水

超滤膜丝

丙烯腈-丁二烯-苯乙烯
共聚物(ABS)外壳

自来水

环氧封头

(a)

(b)

图 2-18　中空纤维膜管

中空纤维超滤膜组件是超滤技术应用最为广泛的一种。中空纤维膜外形呈纤维状,具有自支撑作用。它是非对称膜的一种,其致密层可位于纤维的外表面,也可位于纤维的内表面,其管壁上布满微孔,根据微孔孔径大小不同可截留不同分子量的物质。

工作原理:原水从进水端进入中空纤维膜管后,在水压力作用下,水分子和小分子物质透过超滤膜,净化水汇集排出,浓水被截留下来。

根据进水方式或致密层位置不同,中空纤维膜可分为内压式和外压式两种,见图 2-19。由于内压式的料液分配均匀,流动状态好,而外压式的料液流动不均匀,所以超滤多用内压式。

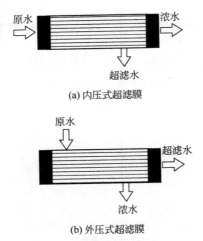

原水　　　　　　　　　　浓水

超滤水

(a) 内压式超滤膜

原水

超滤水

浓水

(b) 外压式超滤膜

图 2-19　内、外压式中空纤维膜过滤方式

内压式：原水直接进入中空纤维膜丝的内部，在压力作用下，水分子及小分子物质由内向外渗透过中空纤维膜，大分子物质被截留在膜丝内。

外压式：原水进入中空纤维膜丝的外部，在压力作用下，水分子及小分子物质由外向内渗透过中空纤维膜进入膜丝内管，大分子物质被截留在膜丝外部。

外压式中空纤维超滤膜对进水水质预处理要求低，不易堵塞，膜耐断且耐清洗，广泛应用于工业废水、市政废水的处理。内压式中空纤维超滤膜抗污染性能较差，一般要求进水浊度低于 50NTU，悬浮颗粒物粒径小于 100μm，COD 浓度小于 50mg/L，在工业废水、市政废水的处理应用中，必须增加预处理措施。目前内压式中空纤维超滤膜主要应用在地表水、地下水的过滤处理中。

综上所述，各种类型的膜组件都有不同的适用性，在工业上应用最为广泛的是中空纤维式，特别是在净化、分离应用中；而在黏度较高的溶液净化、分离、浓缩过程中，板式或管式组件的适用性更强。

2.2.3.3　纳滤 (NF)

纳滤（nanofiltration，NF）是一种介于超滤和反渗透之间的压力驱动膜分离过程，能脱除多价离子、部分一价离子和分子量为 200~1000 的有机物，操作压力范围为 0.5~2.5MPa。纳滤膜是一种特殊而又很有前途的分离膜种，因能截留物质的大小约为 1nm 而得名，也被称为疏松反渗透膜、低压反渗透膜和超渗透膜。

（1）纳滤膜的传质机理

纳滤类似于反渗透与超滤，都属于压力驱动的膜过程，但其传质机理却有所不同。一般认为，超滤膜由于孔径较大，传质过程主要为孔流形式，而反渗透膜通常属于无孔致密膜，溶解-扩散的传质机理能很好地解释膜的截留性能。纳滤膜一般是荷电型膜，对无机盐的分离不仅受化学势控制，同时也受电势梯度的影响；对中性不带电荷的物质的截留则是由膜的纳米级微孔的分子筛效应引起的，其确切的传质机理至今尚无定论。

（2）纳滤膜的结构

绝大多数纳滤膜的结构是多层疏松结构，属于非对称膜，在膜的截面方向孔结构是非对称的。膜表面为超薄的、起分离作用的致密的或具有纳米孔的分离层，分离层下面是多孔的支撑层。

（3）纳滤膜对离子截留效率

纳滤对不同价态的离子截留效率有较大区别。对阳离子的截留顺序为 $H^+ < Na^+ < K^+ < Mg^{2+} \ll Ca^{2+} < Cu^{2+}$；阴离子的截留顺序为 $NO_3^- < Cl^- < OH^- < SO_4^{2-} < CO_3^{2-}$。受截留离子的电荷数和离子半径的影响，电荷数越高越易分离，当电荷数相同时，离子半径越大越易分离。

（4）纳滤膜材料及其制备方法

纳滤膜按其材质可分为有机高分子膜、无机膜、有机-无机膜。纳滤膜以有机膜为主。

① 有机高分子膜。有机高分子材料是工业化纳滤膜的主要材质，如醋酸纤维素（CA）、磺化聚砜（SPS）、磺化聚醚砜（SPEA）、芳族聚酰胺（PA）、聚乙烯醇（PVA）等。

② 无机膜。主要是广泛应用的陶瓷膜材料，有 Al_2O_3、ZrO_2、HfO_2、SiC 和玻璃等，所采用的载体主要是氧化铝多孔陶瓷。

③ 有机-无机膜。有机材料具有柔韧性良好、透气性好、密度低的优点，但是它的耐溶性、耐腐蚀性、耐温性都较差；而单纯无机膜虽然强度高、耐腐蚀、耐溶剂、耐高温，但比较脆，不易加工。有机-无机膜是在有机网络中引入无机材料而形成的新型膜。

单一材料纳滤膜的制备方法主要是相转化法；复合纳滤膜常用的制备方法有表层涂覆法、界面聚合法、动态膜法、表层处理法，其中界面聚合法是目前制备复合纳滤膜使用最多的制备方法。

（5）纳滤膜组件

纳滤膜组件主要形式有卷式、中空纤维式、管式及板式等。卷式和中空纤维式膜组件由于膜的填充密度大、单位体积膜组件的处理量大，常用于水的脱盐软化处理过程；对于悬浮物、黏度较大的溶液主要采用管式和板式膜组件。工业上应用最多的是卷式膜组件，占据了绝大多数陆地水脱盐和超纯水制备市场。如益民管道直饮水系统中70%使用的是卷式纳滤膜组件。

2.2.3.4 反渗透（RO）

反渗透是一种以膜为介质、以压力差为推动力，将溶剂（通常是水）从溶液（如盐水）中分离出来的分离操作。具体而言，是对膜一侧的溶液施加压力，当压力超过溶剂的渗透压时，溶剂会逆着自然渗透的方向做反向渗透，从而在膜的低压侧得到透过的溶剂，即渗透液；高压侧得到浓缩的溶液，即浓缩液，如图2-20所示。

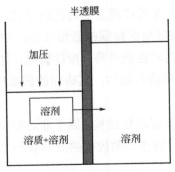

图2-20 反渗透现象

上述过程中所涉及的膜称为反渗透膜，其是反渗透分离技术的心脏。反渗透膜材料一般由高分子材料制成，如醋酸纤维素膜、芳香族聚酰肼膜、芳香族聚酰胺膜，表面微孔的直径一般在 $0.5\sim10nm$ 之间，透过性的大小与膜本身的化学结构有关。有的高分子材料对盐的排斥性好，而水的透过速度不好；有的高分子材料化学结构具有较多亲水基团，因而水的透过速度相对较快，因此一种性能优越的反渗透膜应具有适当的渗透量或脱盐率。

反渗透膜的结构有不对称膜和复合膜两类。目前应用的不对称反渗透膜是醋酸纤维素膜和芳香族聚酰胺膜。不对称膜结构其膜孔径远大于致密表皮层的孔径，可避免膜孔被堵塞，因此膜具有较好的抗污染能力，污染物要么被完全截留，要么全部通过膜。复合膜是两层薄皮的复合体，被人们誉为"第三代膜"。复合膜具有比不对称膜更大的透水率、更高的脱盐率和更小的流量衰减系数，大大降低了反渗透的操作压力，延长了膜的使用寿命。

　　反渗透膜组件主要有卷式、中空纤维式、管式和板式，其中卷式膜组件是最常用的反渗透膜组件。反渗透膜具有高脱盐率（对 NaCl 的去除率达 95%～99%）以及对低分子量有机物的去除率较高等特点，有实验结果表明：RO 膜对双酚 A 的截留率高达 98%[17]，对微污染苯酚的截留率可达 80%[18]，有机物的去除依赖于膜聚合物的形式、结构与膜和溶质间的相互作用。

　　关于反渗透膜的传质机理，已有大量的学者进行了研究，提出了许多膜传质模型，目前流行的几种机理为氢键理论、优先吸附-毛细孔流理论、溶液扩散理论，关于这些理论就不在本书中展开叙述了。

　　关于反渗透的去除性能，一般有以下规律：

　　① 高价离子去除率大于低价离子，即 $Al^{3+}>Fe^{3+}>Mg^{2+}>Ca^{2+}>Li^+$。

　　② 去除有机物的特性受分子构造与膜亲和性影响，即分子量：高分子量>低分子量；亲和性：醛类>酸类>胺类；侧链结构：第三级>异位>第二级>第一级。

　　③ 对分子量>300 的电解质、非电解质都可有效地除去，其中分子量在 100～300 之间的去除率为 90%以上。

　　反渗透膜处理对进水水质也有较严格的要求。

　　（1）水温

　　通常在 1～45℃之间。进水水温对最终产水量有一定的影响，温度每升高 1℃，膜的透水能力提升约 2.7%。当进水温度在 8℃以下，此时的渗滤速率很慢；当水温从 11℃升至 25℃时，产水量提高 50%；但当温度高于 30℃时，大多数膜变得不稳定，其水解速度加快。因此，建议最佳进水温度宜为 25～35℃。

　　（2）pH 值

　　pH 值为 2～11。对于醋酸纤维素 RO 膜，适应的进水 pH 值在 3～8，故调节进水 pH 值，不仅可以防止 RO 膜水解，还可以降低水体碱度，避免碱度过高堵塞 RO 膜。

　　（3）淤泥密度指数（SDI）

　　SDI 值必须小于 5，越小越好。

　　（4）浊度

　　浊度应小于 0.2NTU，最大允许浊度为 1NTU。

　　（5）有机物（COD）

　　水中的有机物对 RO 膜的影响最为复杂，一些有机物对膜的影响不大，而另一些则可能造成膜的有机污染。一般建议 COD 浓度<1.5mg/L。

　　（6）余氯

　　醋酸纤维素膜要求给水中含有余氯，以防止细菌滋生，而氯含量过高又会破坏膜，最大允许连续余氯的含量为 1mg/L；复合膜抗氯性差，一般不允许含有余氯，采用加氯杀菌后，需加偏亚硫酸钠，它可水解为亚硫酸氢钠或经活性炭过滤消除余氯。

（7）颗粒物质

不允许大于 5μm 的颗粒物质进入高压泵及反渗透组件，以免损坏设备。

（8）油和脂

水中不允许含有油和脂。

（9）铁含量

铁的氧化速率取决于铁的含量、水中溶解氧的浓度和 pH 值，pH 值越高氧化速率越大，因此，降低 pH 值可以防止氧化。给水最大允许含铁量与含氧量和 pH 值的关系如表 2-3 所列。

表 2-3 给水最大允许含铁量与含氧量和 pH 值的关系

pH 值	溶解氧/ppm	含铁量/ppm
<6	<0.5	<4
6～7	0.5～5	<0.5
>7	>5	<0.05

注：1ppm=10^{-6}。

（10）SiO_2 浓度

最大允许 SiO_2 的浓度取决于温度、pH 值以及阻垢剂，通常在不加阻垢剂时浓水端最高允许浓度为 100×10^{-6}。

此外，反渗透膜性能的影响因素还有以下几种。

1）浓差极化

在反渗透分离过程中，由于膜的选择透过性，溶剂从高压侧透过膜到低压侧表面上，造成由膜表面到主体溶液之间的浓度梯度，引起溶质从膜表面通过边界层向主体溶液扩散，这种现象称为浓差极化。

浓差极化现象的存在将会给反渗透带来不利影响。由于浓差极化现象使膜表面处溶液浓度升高，增大了膜两侧的渗透压差，在相同工作压力作用下，系统的驱动力减小，与纯驱动力成正比的水通量将下降。为得到相同产水量，反渗透操作压力必须相应提高；同时膜表面处溶液浓度升高，容易使溶质在膜表面沉积下来，膜的传质阻力增大，膜的渗透通量下降；提高压力也不能明显增加通量，因为提高压力反而会增加沉积层的厚度。当浓差极化现象不严重时，对反渗透系统产水量是没有太大影响的；但是当浓差极化因子超过一定值后，该现象就会使反渗透系统的水通量下降、透盐率上升。一般来说，系统回收率越高，浓差极化现象越严重，浓差极化因子越大。

影响浓差极化因子的因素主要有工艺系统操作条件、膜材料、给水水质等。因此可以通过严格控制水量、控制回收率和按设计要求运行等措施，来消除浓差极化的影响。

2）膜污染

由于水中的微粒、胶体粒子、溶质大分子等与膜存在物理化学相互作用或机械作用，从而引起污染物在膜表面或膜孔内吸附、沉积，造成膜孔径变小或堵塞，使膜产生水通量与分离特性的不可逆变化，这种现象称为膜污染。反渗透膜最常见的污染物有碳酸盐和硫酸盐垢、金属氧化物沉淀、无机或有机沉淀混合物、微生物、合成有机物等。

膜污染可分物理污染、化学污染和微生物污染。物理污染包括膜表面的沉积和膜孔内堵塞，与膜孔结构、膜表面粗糙度、溶质的尺寸及形状等有关；化学污染包括膜表面和膜孔内的吸附、化学氧化，与膜表面的电荷、亲水性、吸附活性点及溶质的荷电性、亲水性、溶解度等有关；微生物污染是水中微生物繁殖造成的，与杀菌处理有关。

当反渗透系统出现以下症状之一时，表明反渗透膜已被污染，应及时进行清洗：

① 正常运行压力下，产水流量与标准化值或正常值比较降低了 10%～15%；

② 为维护正常的产水流量，经温度校正后的给水压力增加了 10%～15%；

③ 与标准化数据比，产水水质降低了 10%～15%，盐透过率增加了 10%～15%，出水电导率增加了 10%～15%；

④ 膜组件浓水侧进出口的压差增大了 10%～15%，各段间压差也增加明显。

膜污染是一个缓慢发展的过程，系统的产水量和水质不会突然变差，但如果不在早期及时进行清洗处理，污染将会在相对较短的时间内损坏膜组件。因此正常运行的反渗透膜即使尚未达到上述数值，通常每隔 6 个月需清洗一次。正常的清洗周期是每 3～12 个月清洗一次，如果 1 个月内清洗一次以上，说明需要对反渗透预处理系统做进一步调整和改善，或重新设计预处理系统；如果清洗频次是每 3 个月一次，此时需对现有设备进行改造；当膜组件的性能降低至正常值的 30%～50%时，单靠清洗不能完全恢复膜组件的性能，此时需要考虑更换膜组件。

反渗透膜被污染后，必须根据污染物和污染的程度选择适合的方法对膜进行清洗。清洗的方法有物理清洗、化学清洗、物理-化学清洗，其中反渗透膜的化学清洗应用最为广泛。反渗透膜的污染通常不是单一的某种污染物，而是多种污染物的叠加和累积，因此采用任何一种单一的药剂都无法实现彻底清洗，需采用多级清洗，所以清洗的过程和药剂的选择较复杂。化学清洗剂一般选择原则见表 2-4。此外，根据对反渗透膜的清洗状况可以判断反渗透膜的污染形式，根据清洗后的溶液的颜色变化还可进一步判断出反渗透膜受到的具体污染形式。如果清洗液的颜色呈淡绿色，反渗透膜可能受到了微生物污染；如果清洗液的颜色呈棕褐色，反渗透膜可能受到了金属氧化物污染；如果清洗液的颜色呈灰色，反渗透膜可能受到了悬浮物污染；如果清洗液的颜色基本未变化，反渗透膜表面可能形成了结垢污染。

表 2-4 化学清洗剂一般选择原则

污染物	清洗剂选择原则
钙垢	各种酸（0.2%盐酸，0.5%磷酸，2.0%柠檬酸），结合 EDTA
金属氧化物	选择草酸、柠檬酸，结合 EDTA 和表面活性剂处理；或 0.5%磷酸、1.0%连二亚硫酸钠、2.0%柠檬酸清洗
SiO_2 等胶体	在高 pH 值下，以 NH_4F 结合 EDTA 及各种洗涤剂洗涤（0.1%NaOH；0.025%十二烷基硫酸钠+0.1%NaOH）
生物污染物	在高 pH 值下，以杀菌剂或 EDTA 清洗；用 Cl_2、$NaHSO_3$、H_2O_2 或过氧乙酸短期冲洗
有机物	采用碱或其他专用试剂清洗，结合表面活性剂处理（0.05%十二烷基硫酸钠+0.1%NaOH；0.1%磷酸三钠+1.0%EDTA）

注：EDTA 指乙二胺四乙酸。

综上所述，管道直饮水常用的膜分离技术包括微滤、超滤、纳滤和反渗透，不同孔径的膜能滤除的物质不同（图2-21），因此要根据实际工程需要选用适合的膜过滤技术。

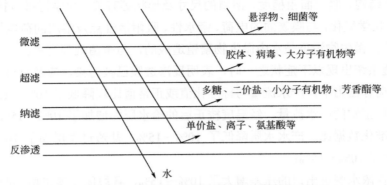

图2-21　不同膜过滤技术与滤除物质的关系

与传统分离技术相比，膜分离技术具有耗能低、无二次污染、操作简单、分离效率高等特点，因此膜分离技术已广泛应用在各个领域，如水处理、食品、医药和石油化工等。近年来，为了提升膜过滤技术的净水效果，在制膜过程中添加改性材料，特别是添加纳米级的新型材料，来改进净水膜的孔道结构及吸附性能，大大改善了改性净水膜的通量、抗污性能和净水效果[19-22]。

2.3

管道直饮水的强化消毒技术

2.3.1　强化消毒的目的

消毒是水处理工艺中的重要环节，是饮用水安全保障不可或缺的部分。管道直饮水系统中经过净水膜后的出水已经完全去除水中病原微生物，而后再进行强化消毒，主要是为了进一步保障供水的卫生安全，确保用户放心使用。

2.3.2　消毒原理

2.3.2.1　饮用水消毒对象

世界卫生组织资料显示，全球80%的疾病与生活饮用水不安全有关。19世纪以前，生物污染是水污染中最可怕的，这类污染主要是指细菌、藻类、寄生虫、病毒等微生物。水体受到污染后，可传播各种疾病，如痢疾、霍乱等。尽管大多数国家已经基本控制了生物污染，但在这个问题上，谁也不敢掉以轻心。美国水质协会（Water Quality Association，

WQA）对美国 1976~1994 年间的水媒性流行病情况所做的调查统计显示，除部分不明原因外，事故次数的 84.1%和致病人数的 99.2%是由病原微生物引起的。所谓病原微生物是指能引起疾病的微生物，其种类繁多，主要有朊毒体、寄生虫（原虫、蠕虫、医学昆虫）、真菌、细菌、螺旋体、支原体、立克次体、衣原体、病毒，其中以细菌和病毒危害最大。

病原体侵入人体后，人体就是病原体生存的场所，医学上称为病原体的宿主。病原体在宿主中进行生长繁殖、释放毒性物质等引起机体不同程度的病理变化，这一过程称为感染。不过，病原体入侵人体后，在发生感染的同时，能激发人体免疫系统产生一系列免疫应答与之对抗，这称为免疫。感染和免疫是一对矛盾，其结局如何，根据病原体和宿主两方面力量强弱而定。如果宿主足够强壮，可以根本不形成感染，或者即使形成了感染，病原体也多半会逐渐消亡，于是患者康复；如果宿主很虚弱而病原体很凶猛，则感染扩散，病人将会死亡。例如，1991 年 1 月开始的拉丁美洲霍乱大流行，130 万人生病，近 1.2 万人死亡，都与饮水中的病原微生物有关；迄今世界已有六大洲 80 多个国家至少 300 个地区，都发现了隐孢子虫引起的隐孢子虫病[23]。

根据病原微生物的组成及结构，可将其分为以下 3 大类[24]。

（1）非细胞型微生物

非细胞型微生物主要包括病毒和朊粒等。病毒无细胞结构，仅由蛋白质外衣包裹核酸构成，如甲型肝炎病毒、SARS 冠状病毒等。朊粒是一种感染性蛋白质分子，能够引起动物和人类脑组织慢性海绵体变性，如疯牛病及人类的库鲁病。

病毒是一种非细胞生命形态，它由一个核酸长链和蛋白质外壳构成，病毒没有自己的代谢机构，没有酶系统。因此，病毒离开了宿主细胞，就成了没有任何生命活动，也不能独立自我繁殖的化学物质。它的复制、转录和翻译功能都是在宿主细胞中进行的，进入宿主细胞后，它就可以利用细胞中的物质和能量完成生命活动，按照它自己的核酸所包含的遗传信息产生和它一样的新一代病毒。

病毒不仅分为植物病毒、动物病毒和细菌病毒，从结构上还分为单链 RNA 病毒、双链 RNA 病毒、单链 DNA 病毒和双链 DNA 病毒。

病毒的生命过程大致分为吸附、注入（遗传物质）、合成（逆转录/整合入宿主细胞 DNA）、装配（利用宿主细胞转录 RNA，翻译蛋白质再组装）、释放 5 个步骤。

（2）原核细胞型微生物

原核细胞型微生物是由裸露的 DNA 盘绕形成原始核质，没有核膜和细胞器，包括细菌、立克次体、衣原体、支原体、螺旋体，属于广义的细菌范畴。

细菌是肉眼看不见，需经显微镜放大几百倍或几千倍才能看见的微小生物。通常以微米（μm）为测量单位。由于细菌是透明的，因此要经过染色才可以看见它们的轮廓、形态，甚至结构。临床最常用的细菌染色方法是革兰氏染色法，经过革兰氏染色可将细菌分为两大类：紫色的是革兰氏阳性菌，红色的是革兰氏阴性菌。由于两类细菌的细胞壁结构不同，其染色性不同，且对人体的致病性和对抗生素的敏感性也有较大差异。结核杆菌革兰氏染色法不着色，经抗酸染色后呈红色。当然，不同的细菌，甚至有时同一类细菌也可因菌龄、细菌生长所处的环境因素不同，其大小、形态不同或有一定程度的差异。细菌的基本形态有球状、杆状、螺旋状，根据形态特征将细菌分为球菌、杆菌和螺形菌 3 大类。

细菌都具有基本结构，包括细胞壁、细胞膜、细胞质和核质 4 个部分。细胞壁是位于细菌最外层的一层质地坚韧而略有弹性的膜状结构，其化学成分复杂，并随着不同细菌而异；细胞膜是由磷脂和多种蛋白质组成的单位膜，其主要功能是物质转运、生物合成、分泌和呼吸等作用，是细菌渗透屏障和赖以生存的重要结构；细胞质是细胞膜所包裹的溶胶状物质，基本成分是水、蛋白质、核酸和脂类，是细菌合成代谢和分解代谢的场所；细菌的核质具有细胞核的功能，决定细菌的生命活动，控制细菌的生长、繁殖、遗传、变异等多种遗传性状。

某些细菌除了具有基本结构外，还有荚膜、菌毛、鞭毛、芽孢等特殊结构。

① 荚膜。某些细菌在生长过程中在细胞壁外形成一层界限较为明显、质地均匀的黏液性物质，其厚度大于 $0.2\mu m$，称为荚膜。荚膜充当分子筛和黏附素的作用，并具有抗原性及抗吞噬的功能。

② 菌毛。菌毛是许多革兰氏阴性菌及少数革兰氏阳性菌菌体表面附着的一种细短而直硬的蛋白性丝状物，在电子显微镜下才能看到。菌毛可分为普通菌毛和性菌毛，前者与细菌的致病性有关，后者可在细菌之间传递遗传物质，如使细菌获得产毒或耐药性等新的遗传性状。

③ 鞭毛。鞭毛由蛋白质构成，是细菌的运动结构。弧菌、螺菌、占半数的杆菌及少数球菌由其细胞膜伸出菌体外细长呈波状弯曲的蛋白性丝状物，使细菌可在适宜的环境中自由运动，具有抗原性，与致病性有关。

④ 芽孢。芽孢是某些革兰氏阳性细菌在不利于生长的环境中形成的有抗性的休眠体，增强细菌抵抗外界不良环境的能力。能否杀灭芽孢是临床判断灭菌效果的一项指征。

细菌的致病物质主要包括细菌的菌体表面结构、侵袭性酶及毒素。

菌体表面结构有两类：一类是具有黏附作用的结构，如磷壁酸、多包被、菌毛等；另一类是具有抗吞噬作用的结构，如荚膜、微荚膜、A 型链球菌的 M 蛋白、金黄色葡萄球菌的 A 蛋白等。

细菌的侵袭性酶是细菌合成分泌的胞外酶，一种是具有抗吞噬作用的酶，如金黄色葡萄球菌产生的血浆凝固酶，可在细菌周围形成纤维蛋白包裹层，具有抵抗人体吞噬细胞和补体、抗体的作用，保护细菌；另一种是可帮助细菌在体内扩散的酶，如 A 型链球菌产生的透明质酸酶。

细菌的毒素有内毒素和外毒素。内毒素是革兰氏阴性细菌细胞壁的脂多糖，在细菌死亡裂解时释放，对人和动物有毒性，被称为内毒素，其主要成分是类脂 A。由于多数革兰氏阴性细菌的内毒素类脂 A 化学组成相似，因此对人类产生的致病作用也相似，主要是引起机体发热、白细胞数量的改变、内毒素血症和休克、弥散性血管内凝血（DIC）等。重度革兰氏阴性细菌感染时，大量内毒素直接激活凝血系统，最终导致严重的临床综合征而死亡。外毒素是由活致病菌产生的蛋白性物质，又称为分泌性毒素，毒性强烈且具有组织器官特异性。根据外毒素作用靶细胞的不同，外毒素可分为神经毒素、细胞毒素和肠毒素。

（3）真核细胞型微生物

真核细胞型微生物包括真菌、原虫等。此类微生物具有核膜和复杂的细胞器，如引起疟疾的疟原虫、引起皮肤病的霉菌以及隐孢子虫、贾第鞭毛虫等。

2.3.2.2 饮用水消毒原理

饮用水消毒的目的是杀灭水中对人体健康有害的绝大部分病原微生物，其中包括细菌、病毒、原生动物等，以防止通过饮用水传染疾病。由于消毒处理并不能完全杀灭水中所有微生物，所以消毒处理是在达到饮用水水质微生物学标准的条件下，将饮用水导致的水介传染病的风险降到最低，达到完全可以接受的水平。

消毒与灭菌不同，灭菌是指杀灭水中所有微生物的处理过程，而消毒是指杀灭水中对人体健康有害的绝大部分病原微生物、防止水介传染病、实现饮用水水质微生物学有关指标的处理过程。灭菌和消毒的区别主要是程度上的不同。当然，消毒处理最好能达到完全灭菌，但实际上却不能实现完全灭菌，这受多种因素影响。尽管如此，消毒处理必须将饮用水导致的水介传染病的风险降至极低，其判明准则是消毒处理能达到饮用水水质微生物学有关标准。

消毒与灭菌的基本原理：采取一定的技术手段，破坏细胞壁，或改变细胞通透性，或改变微生物的 DNA 或 RNA，或抑制酶的活性，使病原微生物失去活性，达到消毒或灭菌的目的。

目前，按照采取的技术手段不同，现有的消毒技术可划分为物理消毒法、化学消毒法、联合消毒法 3 类，其优缺点和适用条件各不相同。

（1）物理消毒法

物理消毒法不会向饮用水中加入额外的化学药剂进行反应，主要是利用冷冻、加热、照射等物理手段，改变水中致病菌的遗传物质或灭活生物蛋白质，从而达到消毒杀菌的目的。这种方法有效地解决了产生有毒有害副产物的问题。

常见的物理消毒方法有紫外线消毒、光催化消毒、超声波消毒等。而在众多的物理消毒方法中，紫外线消毒的方法是当今饮用水消毒行业使用最多的一种消毒方式，运用的原理主要是通过紫外线的方式使微生物失去其自身的繁殖能力，从而在水中逐渐失去原本具有的活性。

（2）化学消毒法

化学消毒法是指向饮用水中投加一定的药剂，这些药剂生成具有强氧化还原性或高渗透性的小分子物质，破坏水中微生物的核酸或细胞酶等遗传物质，抑制微生物生长代谢，消灭水中微生物，从而达到消毒灭菌的目的。

化学方法处理饮用水的方式仍是现今状态下大多数饮用水清洁工厂选择采取的方式，常用的化学消毒法有氯化消毒法、二氧化氯消毒法、臭氧消毒法等，其中二氧化氯消毒法、臭氧消毒法也是管道直饮水消毒的常用方式。

常用的氯消毒剂种类较多，如氯气、漂白粉、次氯酸钠、氯胺、二氯异氰尿酸钠等。由于水源水质不同，加氯量应根据需氯量试验来确定。

二氧化氯被称为第四代消毒剂，是世界卫生组织（WHO）推荐的处理饮用水最安全的化学药剂，是消毒剂的更新换代产品。在消毒、去味、除铁等许多方面都比氯效果好，而且不产生三氯甲烷类致癌物质。它消毒水时，受水温的影响很小，对劣质水的杀菌效果比氯更好。

臭氧是一种强氧化剂，具有广谱高效杀菌作用。其杀菌速度比氯快 600～3000 倍，主要用于饮用水消毒、空气消毒和食品保鲜等。臭氧消毒方法通常多以干燥空气或氧气通过臭氧发生器中的高压电场制备臭氧，消毒时将溶有臭氧的吸收液与水充分混合即可，一般加臭氧量为 0.5～1.5mg/L，作用时间 5min，水中保持剩余臭氧浓度应在 0.1～0.5mg/L。

（3）联合消毒法

每种消毒技术都会有其使用的局限性，为了能充分发挥单一消毒技术的最大优势，通常会把两种或两种以上的消毒手段联合起来使用，尽量避免单一技术的缺点。目前，国内外已有不少的饮用水处理厂采用联合消毒工艺对饮用水进行消毒。常见的有氯-氯胺联合消毒法、氯-二氧化氯联合消毒法、氯-臭氧联合消毒法、氯/氯胺-紫外线联合消毒法等。

综上所述，选用何种消毒方法，不仅要考虑消毒杀菌速度和效果，还要考虑是否会产生毒副产物而形成二次污染。目前，氯化消毒是自来水生产领域运用较为普遍的一类消毒技术，而管道直饮水中普遍采用紫外线消毒、臭氧消毒和二氧化氯消毒三种单一的消毒技术。

2.3.3 氯化消毒

2.3.3.1 氯化消毒基本原理

氯，分子式 Cl_2，分子量 70.91，在常温常压下为黄绿色气体，密度比空气大，具有强烈的刺激性和氯臭味；当加压至 6～7 个大气压时可液化，体积缩小为原来的 1/457，可灌入钢瓶中储存，又称液氯。液氯密度比水大 1.5 倍，将液氯置于大气中立即变成气体，将氯气通入水中可得氯水。

氯是一种强氧化性物质，在水中很快发生"歧化反应"，生成盐酸和次氯酸，反应方程式与离子方程式如下：

$$Cl_2 + H_2O \rightleftharpoons HCl + HClO \tag{2-3}$$

$$Cl_2 + H_2O \rightleftharpoons HClO + H^+ + Cl^- \tag{2-4}$$

次氯酸（分子式 HClO，结构式 H—O—Cl）是一元弱酸，发生解离时生成氢离子和次氯酸根离子，反应式见式（2-5），在 20℃时其解离常数为 $3.3×10^{-8}$mol/L，具有很强的氧化性，是一种小体积的中性分子，能穿过细胞壁，渗透到细胞内部，与细胞蛋白质、氨基酸反应或与遗传物质 RNA 等结合而析出，并影响多种酶系统（主要是磷酸葡萄糖去氢酶的巯基被氧化破坏），从而使细菌死亡或病毒灭活，达到杀菌的作用。氯消毒主要是通过次氯酸起作用，故在偏酸性条件下消毒效果要比在碱性水中更好。

$$HClO \Longleftrightarrow H^+ + ClO^-$$ (2-5)

饮用水氯化消毒需要用到 3 个指标：加氯量、需氯量和余氯。加氯量是指水中所加入的氯量；需氯量是指消毒饮用水所需要的氯量；余氯是指水经加氯消毒接触一定时间后，水中所剩余的氯量，将加氯量减去余氯量即为水体的需氯量。饮用水中余氯的作用是保证消毒效果，并可防止饮用水再次受到污染。

水中的余氯有 3 种形式：总余氯、化合性余氯、游离性余氯。

游离性余氯是指在水中以次氯酸根形态存在的氯消毒剂浓度。由于氯消毒主要是通过次氯酸起作用，因此游离性余氯浓度越高，消毒杀菌能力越高。

化合性余氯是指在水中以氯胺等化合状态存在的氯消毒剂浓度。它是氯与水中污染物发生反应生成的，其结果使氯的消毒杀菌能力降低。

影响氯化消毒效果的主要因素如下[25]。

（1）加氯量

采用氯化消毒时，氯不仅与水中的细菌发生作用，还要氧化水中的有机物和还原性无机物。为保证消毒效果，加氯量必须超过水的需氯量，才能在氧化和杀菌后还能剩余一些有效氯（即余氯）。根据国家标准《生活饮用水卫生标准》（GB 5749—2006），一般要求氯加入水中 30min 后，出水中应保持游离性余氯浓度 0.3mg/L 以上，在配水管网末梢游离性余氯应达到 0.05mg/L 以上。余氯分为游离性余氯和化合性余氯两种，游离性的余氯包括 HClO、OCl$^-$和 Cl$_2$，杀菌能力较强；化合性余氯包括 NH$_2$Cl 和 NHCl$_2$，杀菌力较弱。

（2）接触时间

氯加入水中后，必须保证与水有一定的接触时间，才能充分发挥消毒作用。用游离性有效氯（包括 HClO 和 OCl$^-$）消毒时，接触时间应至少 30min，游离性余氯浓度达到 0.3～0.5mg/L；采用氯胺（包括 NH$_2$Cl 和 NHCl$_2$）消毒时，接触时间应在 1～2h，化合性余氯浓度达 1～2mg/L。

（3）pH 值

HClO 在水中的解离程度取决于水温和水的 pH 值。当水体 pH<5.0 时，HClO 100%存在于水中，水中无 OCl$^-$存在；随着 pH 值的增高，HClO 逐渐减少而 OCl$^-$逐渐增多；当 pH=6.0 时，HClO 含量在 95%以上而 OCl$^-$含量在 5%以下；当 pH>7.0 时，HClO 含量急剧减少而 OCl$^-$含量急剧增加；当 pH=7.5 时，HClO 和 OCl$^-$含量大致相等；当 pH>9.0 时，OCl$^-$含量接近 100%。根据对大肠埃希菌的实验结果，HClO 的杀菌效率比 OCl$^-$高约 80 倍。因此，消毒时应注意控制水体的 pH 值不要太高，以免生成过多的 OCl$^-$和过少的 HClO 而影响杀菌效率。

（4）水温

水温高，杀菌效果好。水温每提高10℃，病菌杀灭率约提高1倍。

（5）水的浑浊度

用氯消毒时，必须使生成的 HClO 和 OCl⁻ 直接与水中细菌接触，方能达到杀菌效果。如水的浑浊度很高，悬浮物质较多，细菌多附着在这些悬浮颗粒上，则氯的作用达不到细菌本身，使杀菌效果降低。这说明消毒前混凝沉淀和过滤处理的必要性。悬浮颗粒对消毒的影响，因颗粒性质、微生物种类而不同。如黏土颗粒吸附微生物后，对消毒效果影响甚小，而粪尿中的细胞碎片或污水中的有机颗粒与微生物结合后，会使微生物获得明显的保护作用。病毒因体积小，表面积大，易被吸附成团，因而颗粒对病毒的保护作用较细菌大。

（6）水中微生物的种类和数量

不同微生物对氯的耐受性不尽相同，除腺病毒外，肠道病毒对氯的耐受性较肠道病原菌强。消毒往往达不到杀灭效果，常以99%、99.9%或99.99%的效果为参数。故消毒前若水中细菌过多，则消毒后水中细菌数就不易达到卫生标准的要求。

消毒动力学：

在理想条件下，当具有单一敏感位点的微生物暴露于消毒剂中时，其死亡速率符合一级反应动力学，遵循契克定律（Chick's Law），即

$$\mathrm{d}N/\mathrm{d}t = -kN \tag{2-6}$$

式中　N——任一时刻 t 的病原微生物数量；

　　　t——反应时间；

　　　k——灭活速率常数，即契克常数，其取值与微生物种类、水温、pH 值、消毒剂种类及浓度有关，例如在水温为 0～6℃ 条件下，氯化消毒，$k = 0.24～6.3$。

积分式（2-6），并假设 $t=0$ 时微生物量为 N_0，得到

$$N = N_0 \mathrm{e}^{-kt}$$

或

$$\ln \frac{N_t}{N_0} = -kt \tag{2-7}$$

大量的消毒试验发现，微生物的灭活速率 k 与消毒剂浓度 C 密切相关，故应对 k 进行修正，即令

$$k = k'C^n \tag{2-8}$$

式中　k'——比灭活速率常数；

　　　n——稀释系数，$n=1$ 时浓度和时间影响相同，$n>1$ 时浓度影响大，$n<1$ 时时间影响大，在一般情况下可取 $n=1$。

将式（2-8）代入式（2-7），可求得

$$\ln C = -\frac{1}{n}\ln t + \frac{1}{n}\ln\left[\frac{1}{k'}\left(-\ln\frac{N_t}{N_0}\right)\right] \tag{2-9}$$

上式就是 Chick-Watson 定律。

在消毒剂浓度为 C 的条件下，若要达到指定的消毒效果所需的接触反应时间为 T，那么可用消毒剂浓度 C 与所需反应时间 T 的乘积 CT 值作为消毒剂消毒能力的判断指标，并称为消毒剂的消毒浓度时间积。

CT 理论：在一般情况下，溶液中消毒剂浓度 C 与杀菌时间 T 的乘积（即 CT 值）为一常数。

CT 值取决于溶液中游离氯浓度 C、pH 值、水温 T_w 等因素。有试验研究表明，在游离氯浓度、pH 值和水温已知时，游离氯使梨形虫包囊减少 99.9% 所需的浓度时间积为

$$CT = 0.9847C^{0.1758} \text{pH}^{2.7519} T_w^{-0.1467} \tag{2-10}$$

2.3.3.2　折点加氯消毒法

折点加氯为饮用水消毒处理的一种有效方法。其原理是：当氯投入水中后，先与水中所含的还原性物质（如 NO_2、Fe、H_2S 等）反应而被还原为不起消毒作用的氯离子，可杀灭部分细菌，但余氯为零，此时消毒效果不可靠，即图 2-22 中的 O-A 阶段；继续提高加氯量，氯与氨开始化合，产生氯氨（主要是一氯氨），由于化合性余氯存在而具有一定消毒效果，即图 2-22 中的 A-H 阶段；如再提高加氯量则使氯氨氧化成为不起消毒作用的 HCl，水中余氯反而减少，即图 2-22 中的 H-B 阶段，直至最低达到一折点 B（图 2-22）。从折点 B 以后，所增加的投氯量完全以游离态余氯存在，消毒效果更好，即图 2-22 中的 B-C 阶段。按大于需氯曲线上所出现的折点的量加氯消毒处理的方法就称为折点加氯法[26]。

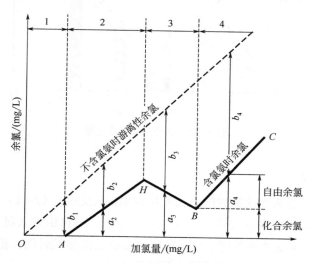

图 2-22　折点加氯原理曲线

当原水中只含细菌不含氨氮时，向水中投氯能够生成次氯酸（$HClO$）及次氯酸根（OCl^-），次氯酸及次氯酸根均有消毒作用，但前者消毒效果较好，其反应过程见式（2-3）～式（2-5）。

当水中含有氨氮时，加氯后能生成次氯酸和氯氨，它们都有消毒作用，反应式如下：

$$Cl_2 + H_2O \rightleftharpoons HClO + HCl \qquad (2\text{-}11)$$

$$NH_3 + HClO \rightleftharpoons NH_2Cl + H_2O \qquad (2\text{-}12)$$

$$NH_2Cl + HClO \rightleftharpoons NHCl_2 + H_2O \qquad (2\text{-}13)$$

$$NHCl_2 + HClO \rightleftharpoons NCl_3 + H_2O \qquad (2\text{-}14)$$

此时，氯与氨的反应产物有次氯酸（HClO）、一氯氨（NH_2Cl）、二氯氨（$NHCl_2$）和三氯氨（NCl_3），它们都有可能在水中存在，它们在平衡状态下的含量比例取决于氯氨的相对浓度、pH 值和温度。一般说来，当 pH>9 时，一氯氨占绝对优势；当 pH=7～8 时，一氯氨和二氯氨同时存在，此时 1mol 的氯与 1mol 的氨作用能生成 1mol 的一氯氨，2mol 的氯与 1mol 的氨作用能生成 1mol 的二氯氨；当 pH<6.5 时，二氯氨为主；当 pH<4.5 时，生成三氯氨，但三氯氨很不稳定。当氯与氨氮的质量比大于 10∶1 时，将生成三氯氨并出现游离氯。随着投氯量的不断增加，水中游离性氯会越来越多，如图 2-23 所示。

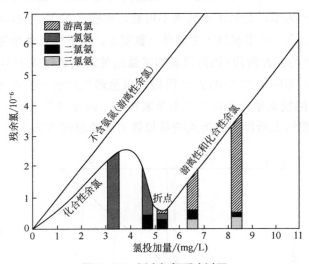

图 2-23　折点加氯反应过程

2.3.3.3　氯氨消毒法

氯氨消毒的原理是依靠次氯酸的杀灭氧化作用，从反应式（2-11）～式（2-14）可见，当次氯酸被消耗时，反应向左边进行，又生成次氯酸。与自由性余氯（Cl_2、次氯酸、次氯酸根）消毒相比，氯氨消毒的速率慢，往往需要更长的接触时间。相应地，将这种氯与氨结合的形式进行消毒作用称为化合性余氯消毒。

氯氨消毒一般在以下情形下使用：a.原水有机物浓度高，为避免加氯生成大量的消毒副产物；b.配水管线长，需要保持较长时间的消毒效果；c.控制给水管壁的生物膜。

氯氨的消毒也依靠 HClO。只有 HClO 消耗得差不多时，反应才会向左移动。 因此，有氯氨存在时，消毒作用比较缓慢，例如氯消毒 5min，杀灭细菌 99％以上，而用氯氨消毒，相同条件下仅杀灭 50%。 三种氯胺中，二氯胺消毒效果最好，但有异味；一氯胺消毒效果次之，但无异味；三氯胺消毒作用极差，且有恶臭味。

（1）氯胺消毒优点[27]

① 氯胺本身的嗅阈比氯低得多，在水中的衰减比较慢，分散性好，穿透生物膜的能力较强。采用氯胺消毒时，可减少氯酚的生成，能控制氯消毒的异味。

② 氯胺消毒可降低卤代烃及卤乙酸等消毒副产物的产生量。据报道，氯胺消毒可降低三卤甲烷 50%～75%，对卤乙酸的削减也有显著作用，含溴较多的原水经氯胺处理产生的溴化副产物也较少。

③ 氯胺的氧化势低于氯，对有机物的氧化能力较弱，因此可氧化生成可同化有机碳（assimilable organic carbon，AOC）及生物可降解溶解性有机碳（biodegradable dissolved organic carbon，BDOC）的量要低于氯消毒过程，对水质生物稳定性的影响相对较小。

④ 氯胺消毒仅在氯消毒工艺的基础上增加氨的投加，工艺简单，成本低于臭氧和二氧化氯消毒。

（2）氯胺消毒缺点

① 氯胺消毒所需的 CT 值高于氯，例如，在 20℃、pH 值为 6～9 时，肠道病毒灭活率为 3log（即 99.9%），游离氯的 CT 值为 2mg/(L·min)，而氯胺的 CT 值为 534mg/(L·min)。因此，为达到消毒效果，必须保证足够的接触反应时间。

② 除臭效果弱于氯，因为二氯胺有异味。

③ 可能会促进管道内硝化细菌的生长。

氯胺的稳定性好，且生成的消毒副产物总量少，但是消毒杀菌作用较弱，单独使用时消毒效果并不理想，因此经常与高锰酸盐消毒、紫外线消毒等方法联合使用，常在处理水流入市政管网前加入氯胺，利用其稳定持续消毒的特点，维持管网内的余氯量，保证管网内水质稳定。

2.3.3.4 过量氯消毒法

当水源受有机物和细菌污染较严重时，或在野外工作、行军等条件下需在短时间内达到消毒效果时，可采用投加过量的氯于水中，使余氯浓度达到 1～5mg/L。消毒后的水需用亚硫酸钠、亚硫酸氢钠、硫代硫酸钠或活性炭脱氯。

在直饮水的制备中，一般不会采用过量氯消毒法。

2.3.3.5 氯化消毒的安全性问题

在氯化消毒杀灭水中病原微生物的同时，氯与水中的有机物反应，产生一系列氯化消毒副产物。通常，将水中能与氯反应而形成氯化消毒副产物的有机物称为有机前体物。天然水中有机前体物以腐殖质（含腐殖酸和富里酸）为主要成分，其次有藻类及其代谢产物、蛋白质等。腐殖质是氯化消毒过程中形成氯化消毒副产物三卤甲烷的主要前体物质。三卤甲烷属挥发性卤代有机物，主要有 4 种，即氯仿、一溴二氯甲烷、二溴一氯甲烷和溴仿，其中以氯仿含量最高。据研究表明，氯仿具有致突变性和动物致癌性；氯化副产物中非挥发性卤代有机物有卤乙腈、卤乙酸、卤代酚、卤代酮和卤代醛等，这些都是具有一定致突变性和致癌性的物质。

鉴于管道直饮水制备系统距离终端用户管路较短，一般不建议采用氯化消毒方法，如果采用氯化消毒，必须在消毒工艺后，采用颗粒活性炭吸附、过滤工艺来去除氯化消毒副产物。

2.3.4　二氧化氯消毒

二氧化氯消毒技术是 19 世纪欧洲一些国家首先发现的，但是因为二氧化氯制造复杂、价格昂贵而被忽视，没有发展起来。近些年，为了降低氯化消毒的危害而寻找新的消毒剂，对二氧化氯的研究和应用也就日益增多。

二氧化氯是一种橙黄色气体，在热水中易分解成氯气、氯酸和氧气。二氧化氯易溶于水，形成黄绿色的溶液，但是并不与水发生化学反应，敞开放置时很容易被光分解，因此不宜储存。另外，二氧化氯很容易引起爆炸，当空气中浓度高于10%或在水中浓度高于 30%时，都具有很强的爆炸性，因此在生产中要利用空气对二氧化氯气体进行冲淡，以降低其浓度。

二氧化氯消毒通过以下两方面实现[28]：一是利用其强氧化性，能够穿过微生物的细胞壁氧化生物酶系统，抑制微生物生长发育繁殖；二是作用于蛋白质，使其分解成氨基酸等小分子物质，或使蛋白质沉降。

不少试验研究发现，在二氧化氯消毒过程中，大肠埃希菌的细胞壁形态发生明显变化，部分细菌细胞壁破裂，菌体细胞质内电解质流出，但核酸结构没有发生明显改变[29]；但组成生物核酸结构中的核苷三磷酸含量明显降低，因此推测二氧化氯可能破坏了连接碱基对的共轭键[30]；二氧化氯在水中扩散速度和渗透能力比氯更好[31]；对于相同质量的二氧化氯、液氯和次氯酸消毒剂，二氧化氯消毒的效率更高，化学活性不依赖 pH 值，预处理时可减弱水质的不良气味，抑制藻类和微生物的生长，去除部分铁、锰，只生成微量的三卤甲烷，同时可以氧化酚类物质[32]。相比氯消毒，二氧化氯消毒产生的副产物微不足道，可在饮用水消毒中广泛使用，并且可以杀死隐孢子虫和贾第鞭毛虫卵囊[33]。

在二氧化氯消毒过程中，虽不产生三卤甲烷等有机副产物，但会产生氯酸盐和亚氯酸盐等无机副产物。有研究结果表明，在二氧化氯消毒过程中，约有70%的二氧化氯转化成亚氯酸盐[34]，酮、醛和羧基类有机化合物会协同二氧化氯生成副产物[35]。通过沉淀过滤、活性炭吸附等手段，可以去除一定量的前体物；向水中投加适量的硫代硫酸钠或亚铁盐将氯酸盐或亚氯酸盐还原成氯离子，使毒性降低，同时投加亚铁盐还能起到二次絮凝的效果。

二氧化氯为活泼性较强的气体，消毒效率高、效果好，但是储存和运输不便，因此多采用二氧化氯发生器，现用现制的方式对饮用水进行消毒，适用于中小型给水处理厂。

2.3.5　臭氧消毒

2.3.5.1　臭氧及其理化性质

臭氧，分子式为 O_3，又称三原子氧、超氧，因其具有类似鱼腥味的臭味而得名。臭氧可在地球同温层内光化学合成，但在地平面上仅以极低浓度存在。

臭氧是氧气的同素异形体，具有它自身的独特性质[36]：

① 在自然条件下，臭氧是淡蓝色的气体；

② 臭氧有一种类似鱼腥味的臭味；

③ 在标准压力和常温下，臭氧在水中的溶解度是氧气的 13 倍；

④ 臭氧密度比空气大，是空气的 1.658 倍；

⑤ 臭氧有很强的氧化力，是已知最强的氧化剂之一；

⑥ 正常情况下，臭氧极不稳定，容易分解成氧气；

⑦ 臭氧分子是逆磁性的，易结合一个电子成为负离子；

⑧ 臭氧在空气中的半衰期一般为 20～50min，随着温度和湿度的增高其半衰期缩短；

⑨ 臭氧在水中的半衰期为 35min，随水质与水温的不同而异；

⑩ 臭氧在冰中极为稳定，其半衰期为 2000 年。

（1）臭氧的物理性质

臭氧的气态明显呈蓝色，液态呈暗蓝色，固态呈蓝黑色。在常温常压下，较低浓度的臭氧是无色气体，当浓度达到 15% 时，呈现出淡蓝色。臭氧可溶于水，在常温常压下臭氧在水中的溶解度比氧气高约 13 倍，比空气高 25 倍。臭氧水溶液的稳定性受水中所含杂质的影响较大，特别是有金属离子存在时，臭氧可迅速分解为氧；但在纯水中分解较慢。

臭氧的密度是 2.14g/L（0℃，0.1MPa），沸点是 -111℃，熔点是 -192℃。臭氧分子结构是不稳定的，它在水中比在空气中更容易自行分解。臭氧在不同温度下的水中溶解度如表 2-5 所列。臭氧虽然在水中的溶解度比氧大 10 倍，但是在实际上它的溶解度甚小，因为遵守亨利定律，其溶解度与体系中的分压和总压成比例。臭氧在空气中的含量极低，故分压也极低，会迫使水中臭氧从水和空气的界面上逸出，使水中臭氧浓度总是处于不断降低的状态。

表 2-5　臭氧在不同温度下水中的溶解度

温度/℃	溶解度/（g/L）	温度/℃	溶解度/（g/L）
0	1.13	40	0.28
10	0.78	50	0.19
20	0.57	60	0.16
30	0.41		

（2）臭氧的化学性质

由于臭氧由氧分子携带一个氧原子组成，这决定了它只是一种暂存状态，在常温下可以自行还原为氧气,携带的氧原子除氧化用掉外,剩余的又组合为氧气进入稳定状态,其反应过程见反应式(2-15)~式(2-19),所以臭氧没有二次污染[37]。

$$O_3 \longrightarrow O_2 + O\cdot \tag{2-15}$$

$$O\cdot + O\cdot \longrightarrow O_2 \tag{2-16}$$

$$O_3 + OH^- \longrightarrow \cdot O_2 + HO_2 \tag{2-17}$$

$$O_3 + \cdot O_2 \longrightarrow \cdot O_3 + O_2 \tag{2-18}$$

$$\cdot O_3 + H^+ \longrightarrow HO_3\cdot \longrightarrow \cdot OH + O_2 \tag{2-19}$$

臭氧的氧化势(还原电位)是 2.07V,高于氯和过氧化氢的氧化势(分别为 1.36V 和 1.28V),故臭氧是一种很强的氧化剂。

臭氧的氧化作用可导致不饱和有机分子破裂,使臭氧分子结合在有机分子的双键上,生成臭氧化物。臭氧化物的自发性分裂产生一个羧基化合物及带有酸性和碱性基的两性离子,后者是不稳定的,可分解成酸和醛。臭氧氧化后的生成物是氧气,所以臭氧是高效的无二次污染的氧化剂。

(3)臭氧的氧化反应

1)臭氧与无机物反应

臭氧可以与元素周期表中的几乎所有元素反应,例如,臭氧与 K、Na 反应生成氧化物或过氧化物,在臭氧化物中的 $\cdot O_3$ 是自由基。臭氧可以将过渡金属元素氧化到较高或最高氧化态,形成难溶的氧化物。利用这一性质可把水中的 Fe^{2+}、Mn^{2+}、Pb^{2+}、Ag^+、Cd^{2+}、Hg^{2+}、Ni^{2+} 等重金属离子去除。

臭氧与 Fe^{2+}、Mn^{2+} 的反应式如下:

$$2FeSO_4 + O_3 + H_2SO_4 \Longleftrightarrow Fe_2(SO_4)_3 + H_2O + O_2 \tag{2-20}$$

$$MnSO_4 + O_3 + H_2O \Longleftrightarrow MnO_2 + H_2SO_4 + O_2 \tag{2-21}$$

臭氧与硫化物的反应式如下:

$$H_2S + O_3 \Longrightarrow SO_2 + H_2O \tag{2-22}$$

$$3H_2S + 4O_3 \Longrightarrow 3H_2SO_4 \tag{2-23}$$

臭氧与氰化物的反应式如下:

$$KCN + O_3 \Longrightarrow KCNO + O_2 \tag{2-24}$$

$$4KCNO + 4O_3 + 2H_2O \Longrightarrow 4KHCO_3 + 2N_2 + 3O_2 \tag{2-25}$$

在酸性条件下的离子总反应式为

$$2CN^- + 2H^+ + 3O_3 \Longrightarrow N_2 + 2O_2 + H_2O + 2CO_2 \tag{2-26}$$

臭氧与氯的反应式如下:

$$3Cl_2 + 6O_3 \Longrightarrow 2ClO_2 + 2Cl_2O_7 \tag{2-27}$$

2）臭氧与有机物的反应

臭氧具有强氧化性是因为臭氧分子中氧原子具有强亲电子或亲质子性。臭氧分解后产生的新生态氧原子，在水中可形成具有强氧化作用的基团——羟基自由基，可快速除去废水中的有机污染物，而自身分解为氧。

目前认为臭氧与有机物的反应有 2 种途径[38]。

① 臭氧以氧分子形式与水体中的有机物直接反应。该方法选择性较强，一般攻击带有双键的有机物，对芳香烃类和不饱和脂肪烃有机化合物的处理效果更好。

② 碱性条件下臭氧在水体中分解后产生氧化性很强的羟基自由基等中间产物，羟基自由基与有机化合物发生氧化反应。该方式无选择性。

2.3.5.2　臭氧消毒机制与特点

臭氧所具有的强氧化性使其对所有的病原微生物均有灭活效果。

臭氧在饮用水处理中的应用已有 100 余年的历史。1893 年世界上第一家臭氧饮用水处理装置在荷兰出现，1906 年法国第一套臭氧处理设备运转；其后，臭氧在水处理中得到了广泛应用。目前，世界上已有 1000 多座水厂采用臭氧消毒。

（1）臭氧消毒机制

臭氧灭活细菌和真菌时，首先，凭借其强氧化力破坏菌体细胞膜或细胞壁中脂类物质的双键，使细胞膜、细胞壁出现缝隙，生物膜的通透性改变，细菌因内环境失衡死亡[39]；其次，臭氧分子可通过缝隙快速进入菌体内部，破坏细胞内的酶、核酸、磷脂以及蛋白质等多种物质，致使细菌和真菌死亡。其作用机制可归为 3 点：a.作于细胞膜，导致细胞膜的通透性增加，细胞内物质外流，使细胞失去活性；b.使细胞活动必要的酶失去活性，这些酶包括基础代谢的酶和合成细胞重要成分的酶；c.破坏细胞内遗传物质使其失去功能。

臭氧对病毒核酸造成损伤是臭氧灭活病毒的主要原因。臭氧对于寄生虫及其卵囊亦具有杀灭作用[40]。

（2）臭氧消毒特点

① 臭氧消毒具有广谱性和清洁性。臭氧对病毒、细菌、细菌芽孢、真菌、真菌孢子等病原微生物均具有杀灭作用，臭氧合成的原料是空气或者氧气，合成后会快速分解为氧气。

② 臭氧消毒具有高效性。有研究表明，臭氧消毒效果是氯消毒的 300～600 倍，是紫外线消毒的 3000 倍。与氯消毒和紫外线消毒相比，臭氧用更短的接触时间就可以取得相同的消毒效果。世界卫生组织对消毒剂效果统计分析后判定，臭氧和其他杀菌剂对细菌的杀灭效果从高到低依次为：臭氧、次氯酸、二氧化氯、次氯酸根、紫外线。

③ 臭氧具有多功能性。臭氧处理污水时，不仅能够灭活水中的病原微生物，同时还可以降解有机污染物，去除金属离子污染，降低色度，除去臭味，提高水的含氧量。

2.3.5.3　臭氧消毒效果

臭氧作为一种强氧化剂极易溶解于水，不仅可以去除水中的细菌、病毒，而且可去除水中的细菌芽孢，特别是对于那些对其他消毒剂有抵抗性的微生物胞囊有去除作用[41]。保持一定浓度臭氧的水叫臭氧水。

（1）臭氧水灭活大肠埃希菌效果

臭氧水能够有效灭活溶液中和载体上的大肠埃希菌[42]，试验结果表明：臭氧浓度为 3mg/L 的臭氧水作用 3min 能够完全杀灭溶液中的大肠埃希菌；浓度为 5mg/L 的臭氧水作用 10min 或浓度为 10mg/L 的臭氧水作用 3min 均能够 100%杀灭载体上的大肠埃希菌。

（2）臭氧水灭活金黄色葡萄球菌、白色念珠菌效果

臭氧水能够有效灭活溶液中和载体上的金黄色葡萄球菌和白色念珠菌，试验结果表明：臭氧浓度为 3mg/L 的臭氧水作用 3min 能够完全杀灭溶液中的金黄色葡萄球菌，作用 5min 能够 100%杀灭载体上的金黄色葡萄球菌；臭氧浓度为 10mg/L 的臭氧水作用 5min 能够 100%杀灭溶液中的白色念珠菌，臭氧浓度为 15mg/L 的臭氧水作用 10min 能够完全杀灭载体上的白色念珠菌。

（3）臭氧水灭活枯草杆菌黑色变种芽孢效果

臭氧水能够有效灭活溶液中和载体上的枯草杆菌黑色变种芽孢，试验结果表明：臭氧浓度为 10mg/L 的臭氧水作用 10min 能够 100%杀灭溶液中和载体上的枯草杆菌黑色变种芽孢。

（4）臭氧水灭活黑曲霉孢子效果

臭氧水能够有效灭活溶液中和载体上的黑曲霉孢子，试验结果表明：臭氧浓度为 10mg/L 的臭氧水作用 3min 能够 100%杀灭溶液中黑曲霉孢子，臭氧浓度为 10mg/L 的臭氧水作用 10min 或浓度为 15mg/L 的臭氧水作用 5min 均能够完全杀灭载体上的黑曲霉孢子。

综上所述，臭氧水能够有效灭活水中的细菌、病毒和细菌芽孢。还有试验结果表明，臭氧浓度达到 1mg/L 的臭氧水能够显著降低水样的遗传毒性[43]。

2.3.5.4　臭氧消毒效果的主要影响因素

影响臭氧消毒效果的主要因素如下。

（1）进水水质

进水中污染物的存在可以影响臭氧消毒效果及臭氧对污染物的氧化途径，其中具有代表性影响的水质参数主要有 pH 值、水温、无机离子、有机化合物等。与这些参数相关的物质不仅可以通过和臭氧反应而消耗臭氧，同时还可作为羟基自由基的引发剂、促进剂和抑制剂，通过影响羟基自由基的生成，控制臭氧的反应途径，从而影响臭氧的消毒效果[44]。

①　pH 值。进水 pH 值可对臭氧在水中的半衰期产生影响，从而引起水中臭氧的衰减速率和溶解度的改变。一般地，臭氧在水中的分解速率随 pH 值的升高而加快，臭氧在酸性溶液里的衰减慢于在碱性溶液中的衰减。羟基自由基与水中微污染物的间接氧化比臭氧分子的直接氧化更快，但选择性更差，而臭氧分子的消毒能力高于羟基自由基。当水的

pH 值较高时，臭氧分子自分解的速率加快，生成更多的羟基自由基，从而影响臭氧的消毒效果[45]。

② 水温。水温主要从反应速率、溶解度和半衰期 3 个方面影响臭氧消毒。水温升高，微生物与臭氧的反应速率加快，但同时臭氧在水中的溶解度也下降，半衰期缩短。水温对臭氧消毒的影响与微生物的种类有关[46]。当臭氧与隐孢子虫、贾第鞭毛虫等较难灭活的微生物反应时，反应速率为主导因素；当臭氧与大肠埃希菌等较易灭活的微生物反应时，反应速率都比较快，水温对臭氧消毒的影响不大，所以臭氧的溶解度与半衰期为主导因素。

③ 无机离子。水中可能存在 NH_4^+、NO_2^-、NO_3^-、Fe^{2+}、Mn^{2+}、Cl^-、Br^-、SO_4^{2-}、HCO_3^-、Ca^{2+}、Mg^{2+} 等无机离子，对微生物的臭氧消毒会产生一定影响。NO_2^--N、Fe^{2+}、Mn^{2+}、Br^- 等还原态的离子会与微生物竞争消耗臭氧，其中 Br^- 的存在可能形成有机溴化物和溴酸根等消毒副产物。氨与臭氧的反应相当缓慢，然而在 Br^- 存在的条件下，氨能掩蔽臭氧化过程中形成的次溴酸根离子，从而延缓了溴酸根、溴仿和有机溴化物的形成[47]。

④ 有机化合物。水中有机物组成比较复杂，水样中反应活性较大的还原性物质会迅速与臭氧反应，将大分子物质转化为小分子物质，与病原微生物竞争消耗臭氧，从而影响微生物的灭活效果。

大量的研究结果表明：臭氧对水中的 COD、BOD_5 和固体悬浮物（SS）具有很高的去除率，并且去除速率很快[48]，因此，饮用水臭氧消毒过程中必然伴随着有机物对臭氧的消耗，继而影响到臭氧的消毒效果。一般表现为：水中有机物浓度越高，臭氧对微生物的灭活率降低越多[49]。

（2）臭氧投加量

臭氧消毒效果直接取决于臭氧的投加量，在一定范围内，臭氧投加量越大，消毒效果越好；但当臭氧投加量达到适宜值后，继续增加臭氧投加量可能只会增加成本而不会明显提升消毒效果。这是由于臭氧过量时，剩余臭氧易与再生水中的溴离子、有机物等污染物发生反应，生成溴酸盐等具有生物毒性的消毒副产物。因此，需根据实际需要和水质情况确定臭氧消耗量，并经常调整和校正，保证在杀灭水中病原微生物的前提下尽量降低臭氧消耗量[50]。

（3）臭氧接触反应时间

臭氧灭活不同病原微生物所需的接触反应时间长短不同，短的只需几十秒，长的需要3min 左右，在实际给水工程应用中，出于实际操作方便的原因，臭氧水力停留时间一般设定为 5～8min。

2.3.5.5　臭氧消毒的安全性

臭氧是一种亲电试剂，易攻击有机物电子云密度大的部位，因此臭氧与有机物的反应具有很强的选择性，主要反应途径有 1,3-偶极加成和亲电取代。在溶液中，臭氧与有机物以两种途径进行反应：臭氧分子直接反应和·OH 间接反应。臭氧在水溶液中与有机物反应时，臭氧分子直接氧化反应，可将大多数有机物臭氧分解为低分子量有机物，增加可同化有机碳浓度。当水中有一定浓度的溴离子存在时，臭氧可氧化 Br^- 为亚溴酸盐（BrO_2^-）、溴酸盐（BrO_3^-）、溴仿、二溴乙腈、二溴乙酸、溴化氰以及一些尚未确定的溴化有机副产物[51]。溴酸根已被国际癌症研究机构和世界卫生组织定为 2B 级潜在致癌物质。研究表明[52]，当人们终身饮用含溴酸根为 5.0μg/L 或 0.5μg/L 的饮用水时，其致癌危险度分别为 10^{-4} 和 10^{-5}；溴酸盐还可能会导致肾病和 DNA 损伤等其他危害。因此，美国环保局饮用水标准、欧盟饮用水指令、英国水质条例中对饮用水中溴酸盐的控制均为强制执行限值。我国《生活饮用水卫生标准》（GB 5749—2006）规定饮用水中溴酸盐（使用臭氧时）限值为 0.01mg/L。

在臭氧消毒过程中，Br^- 的浓度水平是影响 BrO_3^- 生成量的主要原因之一。在不少天然水源水体中，Br^- 的含量很低，低于 0.02mg/L，这种状况下可以不需要考虑臭氧消毒过程中溴衍生的消毒副产物问题；如果水体中 Br^- 水平在 0.05～0.10mg/L 范围，在臭氧处理过程中需要考虑溴酸盐的生成问题；如果原水中的 Br^- 浓度高于 0.10mg/L，溴酸盐问题就显得较为严重。

在以市政自来水为原水制备直饮水的过程中，若市政自来水水质达到了《生活饮用水卫生标准》（GB 5749—2006），那么原水的 Br^- 水平在 0.02mg/L 以下，故可以不需要考虑臭氧消毒过程中溴衍生的消毒副产物问题。

如果以天然水源水或不完全达到 GB 5749—2006 标准的自来水作为原水，那么直饮水的制备过程中就应当考虑臭氧消毒过程中溴衍生的消毒副产物问题，可在臭氧消毒后增加颗粒活性炭吸附工艺来吸附去除溴酸盐[53]。

2.3.6 紫外线消毒

饮用水紫外线消毒是采用紫外线照射手段，改变水中致病菌的遗传物质或灭活生物蛋白质，达到消毒杀菌的目的。

2.3.6.1 饮用水紫外线消毒原理

对病原微生物具有杀灭作用的紫外线波长主要为 200～300nm，其中 240～280nm 波长的杀菌力较强，饮用水消毒常用 254nm 波长的紫外线。紫外线对病原微生物杀灭作用的原理是当微生物被紫外线照射时，紫外线的光子能量使生物蛋白质变性失活，同时迅速破坏生物的核酸，阻碍微生物生长发育繁殖。据研究，紫外线可使 DNA 上相邻的胸腺嘧啶键合成双体，致 DNA 失去转录能力，使得病原微生物死亡。

2.3.6.2 饮用水紫外线消毒方法

常用的饮用水紫外线消毒器主要有两种：一种是管道式紫外线消毒器，又称为过流式紫外线消毒器或腔体式紫外线消毒器；另一种是浸没式紫外线消毒器，又称为明渠式紫外线消毒器或框架式紫外线消毒器。管道式紫外线消毒器的工作原理是通过水泵压力所产生具有一定流速的水通过紫外线灯管的石英套管外围，紫外线灯管所产生的 254nm 紫外线对经过的水进行杀菌、消毒。管道式消毒器的主要特点是水体过流速度快，一般来说在石英套管外围流过的时间不超过1s，因此对紫外线灯的强度要求相对较高，一般要求在表面强度超过 $30000\mu W/cm^2$。浸没式紫外线消毒器通常是直接将紫外线灯管放置在水中，可用于处理流动的水或静止的水。但值得注意的是，浸没式消毒器有可能会由于意外情况发生破裂，或在长时间使用下紫外线灯管表面会被水中的藻类等污染物质覆盖，严重影响紫外线透出，从而影响杀菌消毒效果。

目前，紫外线灯为高压石英水银灯。饮用水紫外线消毒效果主要取决于紫外线的强度（照射器的强度和功率）和接触时间（水在紫外线下的时间长短）。

利用紫外线消毒时，对进水水质有一定的要求：

① 浑浊度≤5NTU；

② 色度≤15 度；

③ 总含铁量≤0.3mg/L；

④ 水温≥5℃；

⑤ 总大肠菌群≤1000 个/L，细菌总数≤2000 个/mL。

饮用水紫外线消毒的主要技术要求：

① 紫外线消毒系统的设计应符合《城市给排水紫外线消毒设备》（GB/T 19837—2019）要求；

② 同一型号消毒器的零部件应保证其互换性；

③ 消毒器受紫外线照射面应做抛光处理；

④ 承压筒体的工作压力不应小于 1.0MPa，试验压力不应小于 1.5MPa；

⑤ 筒体或箱体内宜设置导流板；

⑥ 灯管的布置应使受紫外线照射面上的紫外线强度分布均匀，在对环境有较高要求时，宜优先选用低臭氧型灯管，以减少臭氧对环境的污染，灯管应用石英玻璃套管与水隔开，石英套管 253.7nm 紫外线的透过率应大于 90%；

⑦ 消毒器上应设有进出水管、泄水管、启动紧急信号系统、法兰式接口等，在消毒器不便安放泄水管时，也可以在与消毒器等同处的连接管路上安装；

⑧ 消毒器材料应符合《生活饮用水输配水设备及防护材料的安全性评价标准》（GB/T 17219—1998）要求，消毒器宜使用 304L、316L 不锈钢；

⑨ 消毒器在额定消毒水量下工作的水头损失应小于 0.005MPa；

⑩ 装备新灯管测得的紫外线辐照剂量大于 $12000\mu W \cdot S/cm$（应充水），正常工作的消毒器测得的紫外线辐照剂量大于 $9000\mu W \cdot S/cm$；

⑪ 在额定消毒水量下工作，出水的细菌学指标应符合《生活饮用水卫生标准》（GB 5749—2006）要求。

影响紫外线消毒效果的主要因素有如下几个方面：

（1）紫外透光率

紫外透光率是利用 254nm 波长的紫外线照射 1cm 比色皿中的水样测量而得的，记为 UVT_{254}。一般说来，进水的 UVT_{254} 越大，紫外光强度越大，相应的紫外剂量越高，紫外线穿透微生物的能力越强。因此，进水的透光率对紫外剂量有直接影响，进而影响消耗的电能和消毒效果。

（2）过水流量

在紫外线消毒中，过水流量决定了水在系统中的水力停留时间，从而影响到紫外线消毒剂量，进而对消毒效果产生一定的影响。

（3）石英套管的洁净程度

在饮用水进行紫外线消毒时，紫外灯管并不是直接安装在水中，而是透过石英套管向水中发射紫外光线。在消毒过程中，水中的悬浮物质和钙离子、镁离子、铁离子、锰离子等会析出附着在套管表面形成污垢，从而影响其紫外透光率。因此，石英套管的洁净程度直接影响到发射到水中的紫外光强度，故应当定期检查石英套管表面，保证紫外系统长期处于高效运行状态。

针对不同类型的灯管，套管的清洗要求与方式也有所不同。对于低压高强系统，由于灯管运行时温度较低，仅为 110℃，水中离子不易析出，石英套管表面不易结垢，因此只需要根据水质状况，每个季度或者半年进行一次清洗，时间约为 30~60min，可采用人工清洗或者离线化学清洗的方式，清洗费用较低；对于中压系统，灯管温度可达 600~800℃，表面极易形成污垢，UVT_{254} 下降速度极快，因此其清洗频率较高，甚至某些水厂一日清洗一次，一般采用全自动机械加化学组合的清洗方式，中压系统清洗次数较多，清洗设备较为复杂，因此其清洗费用较高[53]。

（4）紫外灯管选型

常见的用于饮用水紫外线消毒处理的紫外灯类型有 2 种，按照功率差别分为低压高强灯管和中压灯管，两者的性能区别如表 2-6 所列。

表 2-6 紫外灯管性能参数

参数	低压高强灯管	中压灯管
波长/nm	253.7	200~600
单根灯管输出功率/W	约 150	420~1500
灯管温度/℃	约 110	600~800
光电转化率/%	35~45	10~15
汞的状态	固态汞合金	液态
灯管寿命/h	9000~12000	3000~8000
石英套管	无影响，不需更换	有影响，需定期更换

根据表 2-6 可知，低压高强灯管仅可发射波长为 253.7nm 的紫外线，该频段的射线不会因氧化水中物质而产生"三致"副产物，并且其光电转化率高达 35%~45%，运行电耗较小，其运行温度仅为 110℃，对石英套管几乎不产生影响，加之其寿命为 9000~12000h，清洗费用相对较低；而中压灯管的光电转化率和灯管寿命仅为低压管的 30% 左右，并且运

行时对石英套管有影响，需要定期对灯管进行清洗，其运行费用和清洗费用较高，约为低压灯管的 3～3.5 倍。但是由于中压灯管具有输出功率较大的优势，紫外线系统的灯管数量相对较少，占地面积小，设备易于维护和管理。

2.3.6.3　饮用水紫外线消毒的优缺点

饮用水紫外线消毒杀菌具有如下优点：

① 具有较高的杀菌效率。紫外线消毒杀菌只需极短的接触时间（在秒的数量级范围内）即可杀灭 99% 以上的细菌，比氯化消毒反应时间（在 30～60min）大大缩短。

② 不产生二次污染。紫外线消毒没有添加化学物质，不影响水质和水的特性，不改变水中的物质成分和水的氧化还原性，因此不会腐蚀管道设备。

③ 无生物免疫力。紫外线杀菌不会使生物体产生免疫力，它只是破坏细菌细胞 DNA，使它的 DNA 复制无法进行而导致灭亡。

④ 对隐孢子虫和贾第鞭毛虫有特效消毒效果，常规的氯消毒工艺对隐孢子虫和贾第鞭毛虫的灭活效果很低，并且在较高的氯投量下会产生大量的消毒副产物，而紫外线消毒在较低的紫外线剂量下对隐孢子虫和贾第鞭毛虫就可以达到较高的灭活效果。

⑤ 占地面积小，运行维护简单、费用低。

⑥ 消毒效果受水温、pH 值影响小。

饮用水紫外线消毒杀菌具有如下缺点：

① 紫外线穿透力低，使得其消毒效果受到水质影响比较大。因此，紫外线对水消毒最适合薄层动态水，但水的色度、浊度、悬浮物等都会降低紫外线的透过强度，从而影响其消毒效果。

② 紫外线不具持续杀菌能力。紫外线消毒属于物理瞬间消毒，水体离开紫外线消毒区域后，水不能被紫外线照射，故紫外线消毒不具有持续杀菌能力，不能解决消毒后水在管网中的再污染问题。

③ 存在消毒出水中微生物复活的可能。由于微生物具有自身修复能力，使已灭亡的部分细菌在光照条件下存在复活的可能，从而导致消毒出水的微生物指标超标[54]。为了降低微生物的复活率，可以采用提高紫外线照射剂量或者与其他消毒技术联合使用的方法[55]。

2.3.7　几种消毒技术比较

前面介绍了管道直饮水系统常用的 3 种消毒技术：二氧化氯消毒、臭氧消毒和紫外线消毒。每种技术各有其优缺点，其对比详见表 2-7。

表 2-7　3 种消毒技术对比

特点	紫外线消毒	臭氧消毒	二氧化氯消毒
性质	波长范围在 200～300nm 的光	气体	气体
气味	无味	腥臭味	刺激气味
稳定性	稳定	不稳定，极易分解	稳定
腐蚀性	无	有	有

续表

pH 值影响	无	无	小
使用浓度	辐射剂量 40～70mJ/cm²	（0.3～0.5）×10⁻⁶	（1～3）×10⁻⁶
使用成本	低	较高	粉剂成本低，气体成本高
优点	杀菌力强且快，不添加化学物质，不产生消毒副产物，易操作，使用成本低	杀菌力强，无死角，能除臭、脱色、除铁、除锰等	杀菌力强，粉剂成本低，操作方便
缺点	穿透力低，管网容易形成生物膜，还可能存在复活现象	生成溴酸盐，口感不好，抑菌效果不好，腐蚀直饮水管道，设备投入成本高	生成氯酸盐、亚氯酸盐，产气设备投入成本高且危险
实际用途	管道直饮水消毒和直饮水机房的空气消毒	直饮水的管道消毒和直饮水机房的空气消毒	管道消毒

　　从表 2-7 可见，饮用水的 3 种常用消毒技术各有优缺点，实际工程中究竟采用何种消毒技术，应根据具体的场地条件、经济承受力和出水水质要求等实际情况来决定。

参考文献

[1]　于霄. 玉米芯活性炭的制备及对有机砷化合物的吸附性能研究[D]. 郑州: 郑州大学, 2019.

[2]　张一凡. 湖库水源水中氮形态特征实例分析及 DON 去除特性[D]. 广州: 暨南大学, 2016.

[3]　龚媛媛, 龚继文, 蒋柏泉. 椰壳活性炭制备工艺的优化及其模型[J]. 南昌大学学报(工科版), 2018(4): 10-15.

[4]　邵将, 刘铭瑄, 孙宇杭, 等. 利用花生壳化学活化法制备活性炭的研究[J]. 辽宁化工, 2018, 47 (8): 18-20.

[5]　公维洁, 屈军艳, 李婉芝. ZnCl₂ 法制备的甘蔗渣活性炭对实验室有机废液的吸附特性[J]. 安徽农业科学, 2017, 45(14): 54-56.

[6]　程济慈. 废菌渣活性炭的制备及对水中 Cr(Ⅵ)与苯胺的去除研究[D]. 太原:太原理工大学, 2019.

[7]　赵社行. UV/H₂O₂ 及活性炭过滤对饮用水管网水质的影响[D]. 青岛: 青岛理工大学, 2018.

[8]　Teixeira S, Delerue C, Santos L. Application of experimental design methodology to optimize antibiotics removal by walnut shell based activated carbon[J]. Science of the Total Environment, 2019, 646: 168-176.

[9]　肖长发, 刘振. 膜分离材料应用基础[M]. 北京: 化学工业出版社, 2014.

[10]　任建新. 膜分离技术及其应用[M]. 北京: 化学工业出版社, 2002.

[11]　于海琴. 膜技术及其在水处理中的应用[M]. 北京: 中国水利水电出版社, 2011.

[12]　王占生. 微污染水源饮用水处理[M]. 北京: 中国建筑工业出版社, 2016.

[13]　曹喆, 钟琼, 王金菊. 饮用水净化技术[M]. 北京: 化学工业出版社, 2018.

[14] 戴海平, 张惠新, 梁福海, 等. 用葡聚糖测定超滤膜切割分子量的简易方法[J]. 膜科学与技术, 2005, 25(4): 63-65.

[15] 鄢忠森, 瞿芳术, 梁恒, 等. 利用葡聚糖和蛋白质进行超滤膜切割分子量测试对比研究[J]. 膜科学与技术, 2015, 35(3): 44-50.

[16] 陈佳萍, 陆雯洁, 徐伟燕, 等. 聚乙二醇的检测及其在切割分子量表征中的应用[J]. 膜科学与技术, 2017, 37(3): 112-116.

[17] Yüksel S, Kabay N, Yüksel M. Removal of bisphenol A (BPA) from water by various nanofiltration (NF) and reverse osmosis (RO) membranes[J]. Journal of Hazardous Materials, 2013, 263: 307-310.

[18] Doederer K, Farré M J, Pidou M, et al. Rejection of disinfection by-products by RO and NF membranes: Influence of solute properties and operational parameters[J]. Journal of Membrane Science, 2014, 467(4): 195-205.

[19] Jin J B, Liu D Q, Zhang D D, et al. Preparation of thin-film composite nanofiltration membranes withimproved antifouling property and flux using 2,2′-oxybis-ethylamine [J]. Desalination, 2015, 355: 141-146.

[20] 袁浩. 纳米氧化石墨烯改性聚砜超滤膜的制备及应用[D]. 广州: 暨南大学, 2019.

[21] 葛晨. 分子筛和碳纳米管改性聚醚砜超滤膜的制备及应用[D]. 广州: 暨南大学, 2020.

[22] Yuan H, Jin K H, Luo D, et al. Modification effect of nano-graphene oxide on properties and structure of polysulfone ultrafiltration membrane [J]. Journal of Environmental Protection, 2018, 9: 1185-1195.

[23] 王海燕. 饮用水消毒工艺优化研究[D]. 青岛: 青岛理工大学, 2010.

[24] 胡群英. 校园传染病的预防及治疗[M]. 西安: 陕西师范大学出版社, 2014.

[25] 叶富守. 饮用水消毒技术工艺优化研究[D]. 广州: 广东工业大学, 2005.

[26] 费明明, 沈亮, 陆丹红, 等. 折点加氯对微污染原水中氨氮去除效果的研究[J]. 给水排水, 2016, 42(9): 13-17.

[27] 刘兆民, 展宗成. 氯胺消毒在给水中的应用[J]. 西北民族大学学报(自然科学版), 2006, 27(3): 28-31.

[28] 李亚峰, 张子一. 饮用水消毒技术现状及发展趋势[J]. 建筑与预算, 2019(9): 62-68.

[29] 张晓煜, 吴清平, 张菊梅, 等. 二氧化氯对大肠杆菌作用机理的研究[J]. 中国消毒学杂志, 2007, 24(1): 16-20.

[30] 韦明肯, 李长秀, 赖洁玲. 二氧化氯对细菌 DNA 作用的观察[J]. 现代预防医学, 2011, 38(22): 4681-4686.

[31] 唐励文, 周柏明. 饮用水消毒工艺的发展[J]. 科技创新导报, 2015, 12(34): 76-79.

[32] 周美芝. 饮用水源水中"两虫"检测方法及其健康风险评价研究[D]. 杭州: 浙江工业大学, 2013.

[33] 郭一飞, 朱新锋, 田艳兵. 饮用水消毒技术发展现状[J]. 中国消毒学杂志, 2005, 22(2): 215-216.

[34] 陈永诚, 李娟娟. 生活饮用水中消毒剂的使用种类及其副产物的危害[J]. 科技经济导刊, 2017(16): 147-148.

[35] 姜巍巍, 周文琪, 王铮, 等. 饮用水二氧化氯高效消毒关键技术应用[J]. 净水技术, 2017, 36(12): 1-4.

[36] 徐新华, 赵伟荣. 水与废水的臭氧处理[M]. 北京: 化学工业出版社, 2003.

[37] Hoigne J, Bader H. Role of hydroxyl radical reaction in ozonation processes inaqueous solution [J]. Water Resources Bulletin, 1976, 10: 377.

[38] 邓凯顺. 臭氧氧化技术在废水处理中应用研究[J]. 煤炭与化工, 2017, 4(8): 156-160.

[39] Roy D, Wong P K, Engelbrecht R S, et al. Mechanism of enteroviral inactivation by ozone [J]. Applied & Environmental Microbiology, 1981, 41(3): 718-723.

[40] 王尚, 王华然, 孙欣, 等. 臭氧灭活水中微小隐孢子虫卵囊的效果[J]. 解放军预防医学杂志, 2010, 28(2): 103-105.

[41] 宁家伟. 臭氧消毒的试验性研究[D]. 太原: 山西农业大学, 2019.

[42] 齐爱玲. 饮用水臭氧消毒模型的研究[D]. 哈尔滨: 哈尔滨工业大学, 2009.

[43] 苗婷婷. 氯及臭氧消毒技术对城市污水水质的影响[D]. 北京: 北京林业大学, 2008.

[44] 任汉文, 蔡璇, 朱煜, 等. 臭氧消毒技术研究进展[J]. 给水排水, 2011(37): 207-209.

[45] 耿淑洁, 胡学香, 胡春. 臭氧氯联合灭活饮用水中枯草芽孢杆菌芽孢的研究[J]. 环境工程学报, 2011(3): 489-493.

[46] 潘观连. 臭氧投加量及进水水质对臭氧消毒特性的影响研究[D]. 上海: 东华大学, 2014.

[47] 冉治霖, 李绍峰, 黄君礼, 等. 臭氧灭活水中贾第虫影响因素研究[J]. 环境科学, 2010, 31(6): 1459-1463.

[48] 李夏青, 赵新华. 臭氧氧化处理某再生水厂出水的研究[J]. 中国给水排水, 2011, 37: 140-143.

[49] 齐爱玲, 李继, 纪家林, 等. 臭氧对枯草芽孢杆菌孢子的灭活研究[J]. 环境科学与技术, 2011, 34(9): 5-8.

[50] Kukuzaki M, Fujimoto K, Kai S, et al. Ozone mass transfer in an ozone-water contacting process with Shirasu porous glass (SPG)membranes—A comparative study of hydrophilic and hydrophobic membranes[J]. Separation and Purification Technology, 2010, 72(3): 347-356.

[51] 王祖琴, 李田. 含溴水臭氧化过程中溴酸盐的形成控制净水技术[J]. 净水技术, 2001, 20(2): 7-11.

[52] 俞潇婷. 水溶液中臭氧消毒过程溴离子的反应机制和溴酸根的去除研究[D]. 上海: 复旦大学, 2012.

[53] 贺斌. 紫外氯饮用水消毒工艺运行管理技术与效益评估研究[D]. 哈尔滨: 哈尔滨工业大学, 2019.

[54] 郭美婷, 胡洪营. 紫外线消毒后微生物的光复活特性及其评价方法[J]. 环境科学与技术, 2009, 32(4): 79.

[55] 刘佳, 黄翔峰, 陆丽君, 等. 紫外消毒出水的微生物光复活及其控制技术[J]. 中国给水排水, 2006, 22(15): 14.

第**3**章

管道直饮水系统的设计

本章着重介绍管道直饮水系统的设计要求、工艺设计、管网设计及管材选型、设计计算及设备选型。

3.1

管道直饮水系统的设计要求

3.1.1　专业术语

（1）原水与产品水

原水是未经深度净化处理的城镇自来水或符合生活饮用水水源标准的其他水源水。产品水是指经深度净化、消毒等集中处理后供给用户的直接饮用水。

（2）瞬时高峰用水量

瞬时高峰用水量是指在用水最集中的某一时段内，在规定的时间间隔内平均用水流量。

（3）水嘴使用概率

在用水高峰时段内，水嘴相邻两次用水期间，从第一次放水开始到第二次放水结束的时间间隔内放水时间所占的比率。

（4）循环流量

循环流量是指循环系统中周而复始流动的水量，其值根据系统工作制度、系统容积与循环时间来确定。

（5）KDF 处理

KDF 是 kinetic degradation fluxion 的缩写，KDF 处理是指采用高纯度铜、锌合金滤料，通过与水接触后发生电化学氧化-还原反应，有效去除水中氯和重金属，抑制水中微生物生长繁殖的处理方法。

（6）膜污染密度指数

膜污染密度指数（即淤泥密度指数 SDI）是用来表示进水中悬浮物、胶体物质的浓度和过滤特性的数值。

3.1.2　系统整体设计要求

3.1.2.1　系统独立性要求

① 为了卫生安全和防止污染，管道直饮水系统应当单独设置，不得与市政或建筑供水系统直接相连。

② 为了保证供水和循环回水的合理和安全性，工程建设中管道直饮水系统可根据建设规模，分期建设。

③ 建筑物内部和外部供回水系统的形式应根据小区总体规划和建筑物性质、规模、

高度以及系统维护管理和安全运行等条件确定。

④ 可根据建筑物性质和楼层高度，经技术经济综合比较后，确定建设一个或多个管道直饮水系统。

3.1.2.2　系统供水方式选择要求

建筑与小区管道直饮水供水系统宜采用下列方式[1,2]。

（1）变频调速恒压供水系统

小区集中管道直饮水供水，应优先采用变频调速恒压供水系统，其中调速泵可兼作循环泵，如图 3-1 所示。

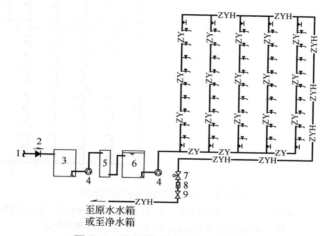

图 3-1　变频调速恒压供水系统示意

1—城市供水；2—倒流防止器；3—预处理；4—水泵；5—膜过滤；6—净水箱（消毒）；
7—电磁阀；8—可调式减压阀；9—流量调节阀（限流阀）
ZY—管道直饮水供水管道；ZYH—管道直饮水循环管道

变频调速供水系统是取代高位水箱、水塔及气压给水的新型供水系统，变频调速器、控制电路及泵组电机构成闭环控制系统，以满足恒压变量供水的需要，使供水管网压力保持恒定，使整个供水系统始终保持高效节能的状态。这种供水方式有利于保持供水卫生、安全、可靠，避免二次污染，且设备占地小、性能稳定、能耗低。

（2）水箱重力式供水系统

这种供水系统是将直饮水制水处理设备置于屋顶的水箱重力式供水系统，系统应设循环泵，如图 3-2 所示。在多层建筑供水系统中设置水箱的给水方式是 20 世纪 80 年代应用较为普遍的一种给水方式。由于当时城市供水能力有限，在用水高峰时供水量和供水压力时常不能满足用户的需求，水箱的设置可缓解这个供需矛盾，在保证建筑安全供水方面发挥了积极的作用。屋顶水箱的功能如下：一是调蓄；二是调节高峰供水，均衡供水变化，以降低水厂高峰供水时的供水量和出厂压力；三是节能。但这种供水方式容易使水质受到二次污染，供水不安全。因此，管道直饮水系统采用这种供水方式时，应做好防污染措施。

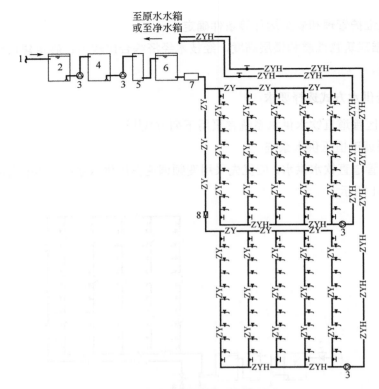

图 3-2　水箱重力式供水系统示意

1—城市供水；2—原水水箱；3—水泵；4—预处理；5—膜过滤；6—净水水箱；7—消毒器；8—减压阀；
ZY—管道直饮水供水管道；ZYH—管道直饮水循环管道

3.1.2.3　直饮水净水机房要求

直饮水净水机房应当靠近集中用水点，可在建筑物内部设置，亦可单独设置，有利于实现系统的全循环，减少水质降低的程度和缩短输水的距离，有利于达到卫生安全运行，便于维护管理。由于净水机房的占地面积同制水规模密切相关，因此应当根据制水规模的大小来确定净水机房的建设方式。

根据工程经验，制水量为 $15\sim20m^3/d$ 的净水机房面积需要 $20\sim50m^2$。对于管道直饮水用水量小、供回水系统管路少的管道直饮水处理设备和供水系统的净水机房，可利用地下室的空间，宜建于建筑物内；对于大型的净水机房，日处理水量大，系统多，机房内设有净化设备、化验室、控制室、仓库和办公以及维护等辅助用房，所需面积大，机房净高要求高，所以宜设独立净水机房。单独建设净水站时，其建筑形式应根据机房内设备尺寸、设备布置、设备安装以及使用检修要求等来确定。对于规模大的小区，净水机房可分别设立，实施分区供水。

3.1.2.4　水质、水量和水压要求

（1）水质要求

以市政自来水为水源的管道直饮水系统进水水质应达到我国国家标准《生活饮用水卫

生标准》（GB 5749—2006）要求。

管道直饮水系统出水水质应达到我国城镇建设行业标准《饮用净水水质标准》（CJ 94—2005）要求。

（2）水量要求

管道直饮水水量应满足用户直饮水用量需求。

① 对于住宅楼及公寓的居民而言，直饮水主要用于饮用、泡茶、煲汤、煮饭等，亦可用于淘米、清洗瓜果蔬菜和冲洗餐具等。直饮水人均日用水量的大小同生活习惯、经济水平、水费、气候气温、水龙头的节水特性等因素有关。对于华东和华南地区大中城市，人均直饮水用量可取 3～5L/d；对于华北、东北和西北地区大中城市，人均直饮水用量可取 2～4L/d。

② 对于办公楼、教学楼、旅馆、体育场馆、医院、会展中心、客运楼站等楼堂馆所，最高日直饮水定额可根据用户要求确定，其中饮水定额可参照表 3-1 来确定。

表 3-1　楼堂馆所直饮水最高饮水定额

用水场所	单位	最高饮水定额
办公楼	L/(人·班)	1.0～2.0
教学楼	L/(人·d)	1.0～2.0
旅馆	L/(床·d)	2.0～3.0
医院	L/(床·d)	2.0～3.0
体育场馆	L/(人·场)	0.2
会展中心（博物馆、展览馆）	L/(人·d)	0.4
航站楼、火车站、客运站	L/(人·d)	0.2～0.4

直饮水专用水嘴额定流量宜为 0.04～0.06L/s。

（3）水压要求

管道直饮水系统用户端压力应满足保证直饮水专用水嘴出水流量达到额定流量要求。一般来说，管道直饮水系统压力越大，专用水嘴出水流量越大。根据相关试验结果，直饮水专用水嘴的最低工作压力不宜低于 0.03MPa，推荐采用 0.05～0.06MPa。

3.1.3　深度净水工艺要求

3.1.3.1　管道直饮水净水站净化的对象

饮用水常规处理工艺（如混凝、沉淀、过滤、消毒）对水中的悬浮物（浊度）、胶体物和病原微生物都有很好的去除效果，对水中的一些无机污染物（如某些重金属离子）和少量有机物有一定的去除效果。然而，目前饮用水处理面临的问题，除原有的泥沙、胶体物质和病原微生物外，主要还有有机污染物、氨氮、消毒副产物等。对于微污染水源，常规处理工艺对总有机碳（TOC）和病毒的去除率分别约为 30% 和 55%。滤后水中贾第鞭毛虫和隐孢子虫检出率分别为 20% 和 30%，加上消毒副产物三卤甲烷（THMs）及供输配系统二次污染，严重威胁着人们的饮水安全，即使采用市政自来水作为管道直饮水的制水原水，也必须对原水进行深度净化处理，以确保直饮水供水水质达标。

以市政自来水作为原水的管道直饮水净水站净化的对象是有机污染物、氨氮、消毒副产物、微量重金属以及少量的病原微生物等。

3.1.3.2 管道直饮水净水站净水工艺流程的选择要求

确定工艺流程前，应进行原水水质资料的收集。原水水质资料是直饮水制备工艺流程选择的一项重要依据。应视水质情况和用户对水质的要求，考虑到饮用水水质安全性和饮用可能对人体健康造成的负面影响，有针对性地选择工艺流程，以满足直饮水卫生安全的要求。

（1）净水工艺要求

净水工艺流程应合理、优化，满足布置紧凑、节能、自动化程度高、管理操作简便、运行安全可靠和制水成本低等要求。

选择合理的深度净水工艺，经济高效地去除原水中的不同污染物是工艺选择的目的。处理后的管道直饮水水质除了达到水质标准要求外，还应达到健康要求，即不仅去除了水中的有害物质，而且应保留对人体有益的成分和微量元素。所以，优化选择饮水深度净化工艺，是生产安全和有益健康的直饮水的重要保障。

（2）膜处理工艺要求

深度净化处理宜采用膜处理技术，膜处理工艺应根据处理后的水质标准和原水水质进行选择。

因水量小、对出水水质要求高，管道直饮水系统通常选用膜分离法。膜分离法的适用范围及其有关运行参数见表3-2。

表3-2 膜分离法的适用范围及有关运行参数

参数	反渗透（RO）	纳滤（NF）	超滤（UF）	微滤（MF）
截留分子量范围（截留粒度范围）/μm	<200	200～1000	>500	0.1～10
操作压力/MPa	1.0～2.0	0.5～1.0	0.1～0.5	0.01～0.3
回收率/%	50～68	70～85	≥90	≥90

微滤膜孔径大、膜通量大、过滤速率快、操作压力低，属于绝对过滤介质，可去除 $0.1\sim10\mu m$ 的物质及尺寸大小相近的其他物质，如微米及亚微米级的颗粒物、细菌、藻类等。微滤的功能多数是除杂，故多用于终端精密过滤。

超滤膜介于微滤与纳滤之间，且三者之间无明显的分界线。一般说来，超滤膜的截留分子量主要集中在 1000～100000，而相应的孔径在 $0.01\sim0.10\mu m$ 之间，这时的渗透压很小，可以忽略不计，因此超滤膜的操作压力较小，一般为 $0.2\sim0.4MPa$。超滤主要从液相中分离大分子物质（如蛋白质、天然胶、酶等）、胶体分散液（如黏土、颜料、乳液粒子、微生物等）以及乳液（如润滑脂、洗涤剂、油水乳液等）。通过与大分子络合，也可从水溶液中分离重金属离子、可溶性溶质，以达到净化、浓缩的目的。

纳滤孔径在 1nm 以上，一般为 1～2nm，截留分子量在 200～1000。纳滤膜可采用多种材质制备，如醋酸纤维素、醋酸-三醋酸纤维素、磺化聚砜、磺化聚醚砜、芳香聚酰胺复合材料和无机材料等。纳滤膜在制造过程中常常带上电荷，因此根据纳滤膜的荷电情况，可将其分为 3 类：荷正电膜、荷负电膜、双极膜。荷正电膜很易被水中的荷负电胶体粒子吸附，因此应用较少；荷负电膜可以选择性地分离多价离子，因此当溶液中含有 Ca^{2+}、Mg^{2+} 时可用这种膜分离；而需要同时选择性地分离多价阴离子和阳离子时，则有必要使用双极膜。在管道直饮水系统中应用的纳滤膜往往带负电。

纳滤膜分为传统软化纳滤膜和高产水量荷电纳滤膜两类[3]。传统软化纳滤膜主要是软化水质，而非去除有机物，其对电导率、碱度和钙的去除率大于 90%，且截留分子量在 200 以上，这使它们能去除 90% 以上的 TOC。高产水量荷电纳滤膜是一种专门去除有机物而非软化（对无机物去除率只有 5%～50%）的纳滤膜，它由能阻抗有机污染的材料制成且膜表面带负电荷，产水量高于传统膜，对有机物的去除率高，这依赖于有机物的电荷性，一般对带电的有机物的去除率高于中性有机物。

在饮水深度处理中，可以选择不同性能的纳滤膜，筛选过程可参照图 3-3 所示的筛选准则。需要针对实际原水水质并进行纳滤膜小试后，才能确定合理的纳滤膜及其工艺系统。

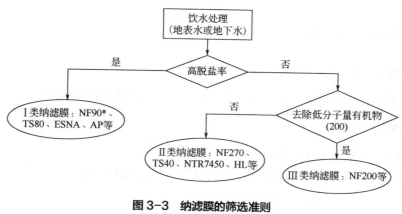

图 3-3 纳滤膜的筛选准则

*表示纳滤膜的商品代号

在图 3-3 中，Ⅰ类纳滤膜属于传统软化纳滤膜，对水中的硝酸盐、铁、硬度、色度和有机物（如农药、除草剂和消毒副产物前体等）具有很高的截留率；Ⅱ类和Ⅲ类纳滤膜属于高产水量荷电纳滤膜，其中，Ⅱ类纳滤膜对水中的有机物（如 TOC）和消毒副产物前体具有较高的截留率，对盐的截留率为 40%～90%（与原水水质有关），对硬度离子只有 50% 左右的截留率；Ⅲ类纳滤膜对低分子量有机物（如农药、除草剂等）具有很高的截留率，而对水中的盐和硬度离子只有 30%～50% 左右的截留率。

反渗透膜孔径小于 1nm，具有高脱盐率（可脱除 95% 以上的 NaCl）和对低分子量有机物较高的去除率，使出水 Ames 致突变性试验呈阴性。目前，工业上把反渗透过程分成3 类：高压反渗透（5.6～10.5MPa，如海水淡化）、低压反渗透（1.0～4.0MPa，如苦咸水的脱盐）和超低压反渗透（0.5~1.0MPa，如自来水脱盐）。反渗透膜对水中 CO_2 的截留率几乎为零，CO_2、HCO_3^-、CO_3^{2-} 透过膜的能力大小依次为 $CO_2 > HCO_3^- > CO_3^{2-}$，因此反渗透产水一般偏酸性，pH 值一般在 4.5~6.5 左右，且 pH 值随原水中 HCO_3^- 含量的变化而变化。

（3）与膜处理配套的预处理、后处理及膜清洗设施的要求

为了保障膜处理设施的正常运行，应配套合适的预处理、后处理和膜清洗设施，并应符合下列规定：

① 预处理可采用多介质过滤器、活性炭过滤器、精密过滤器、钠离子交换器、微滤、KDF 处理、化学处理或膜过滤等；

② 后处理可采用消毒灭菌或水质调整处理；

③ 膜的清洗可采用物理清洗或化学清洗，可根据不同的膜组件及膜污染类型进行系统配套设计。

3.2

管道直饮水系统的工艺设计

3.2.1 预处理工艺设计

3.2.1.1 预处理目的

减轻后续膜的结垢、堵塞和污染，保证膜工艺系统的长期稳定运行。

3.2.1.2 预处理方法

管道直饮水的预处理方法有三种：

① 过滤，如多介质过滤、活性炭过滤、精密过滤、KDF 等；

② 软化，主要采用钠离子交换器；

③ 化学处理，如 pH 值调节、阻垢剂投加、氧化等。

3.2.1.3 预处理作用

将不同质量的原水处理成符合膜进水要求的水，以免膜在短期内堵塞、损坏。

3.2.1.4 预处理工艺流程的选择

预处理工艺应确保原水经过预处理后出水水质达到膜处理进水水质要求。因此，预处理工艺流程的选择取决于原水水质状况和膜处理进水水质要求，并且要考虑到便于管理和成本控制的问题。不同种类的膜对进水水质要求不同，针对不同种类的膜工艺的预处理工艺也不同，详细叙述如下。

（1）纳滤膜和反渗透膜的预处理工艺

纳滤膜和反渗透膜对进水水质的要求见表 3-3。纳滤膜和反渗透膜系统中典型的预处

理方法见表 3-4。

表 3-3　纳滤膜和反渗透膜对进水水质的要求

项目	卷式醋酸纤维素膜	卷式复合膜	中空纤维聚酰胺膜
SDI_{15}	<4（4）	<4（5）	<3（3）
浑浊度/NTU	<0.2（1）	<0.2（1）	<0.2（0.5）
铁/（mg/L）	<0.1（0.1）	<0.1（0.1）	<0.1（0.1）
游离氯/（mg/L）	0.2～1（1）	0（0.1）	0（0.1）
水温/℃	25（40）	25（45）	25（40）
操作压力/MPa	2.5～3.0（4.1）	1.3～1.6（4.1）	2.4～2.8（2.8）
pH 值	5～6（6.5）	2～11（11）	4～11（11）

注：括号内数值为最大值。

表 3-4　纳滤膜和反渗透膜系统中典型的预处理方法

污染物类型	预处理方法
悬浮固体或颗粒	过滤；水力旋流器；格栅
胶体	混凝-过滤；超滤
难溶性盐	加酸，石灰软化；加阻垢剂；阳离子交换；磁化
氧化剂（如游离氯、臭氧）	加还原剂（亚硫酸氢钠）；活性炭吸附；KDF
金属氧化物	pH 值调节（加酸等）
生物污染物	臭氧；紫外线照射；氯化；加亚硫酸氢钠；加硫酸铜
有机污染物	活性炭吸附；化学氧化；混凝-过滤；超滤；微滤

纳滤膜及反渗透膜预处理工艺流程案例如下。

某星级宾馆管道直饮水采用反渗透膜系统，其预处理工艺由石英砂过滤器、活性炭过滤器、精密过滤器（即微滤）组成，其工艺流程如图 3-4 所示。

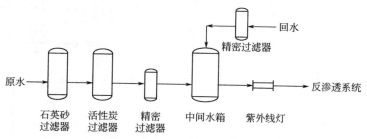

图 3-4　某宾馆管道直饮水反渗透膜系统预处理工艺流程

某住宅区管道直饮水采用反渗透膜系统，其预处理工艺由石英砂过滤器、活性炭过滤器和保安过滤器（即微滤）组成，其工艺流程如图 3-5 所示。

某住宅区管道直饮水采用纳滤膜系统，其预处理工艺由石英砂过滤器、活性炭过滤器和保安过滤器（即微滤）组成，其工艺流程如图 3-6 所示。

某学校管道直饮水采用纳滤膜系统，其预处理工艺由石英砂过滤器、臭氧氧化塔、活性炭过滤器和精密过滤器（即微滤）组成，其工艺流程如图 3-7 所示。

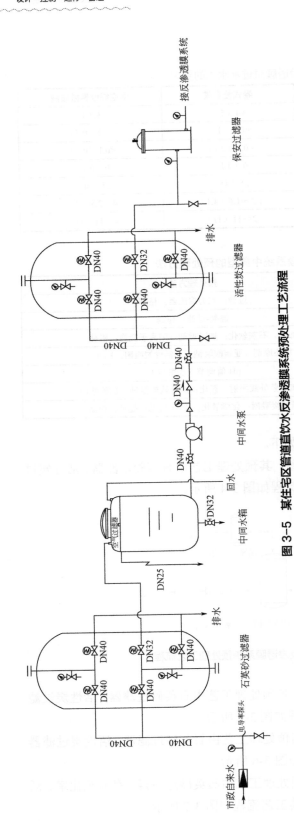

图 3-5　某住宅区管道直饮水反渗透膜系统预处理工艺流程

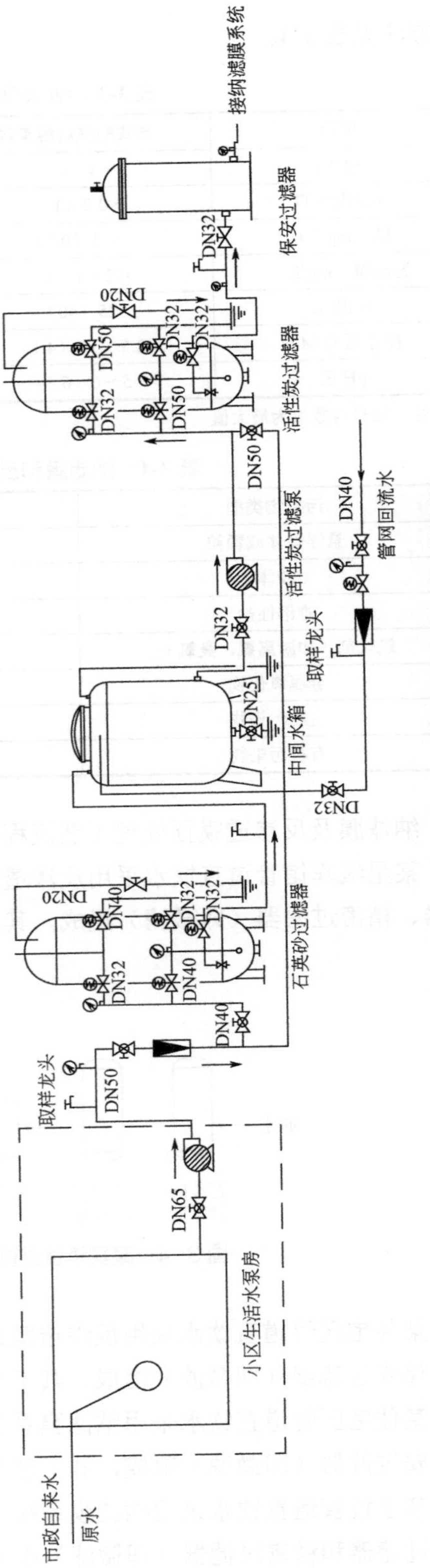

图 3-6　某住宅区管道直饮水纳滤膜系统预处理工艺流程

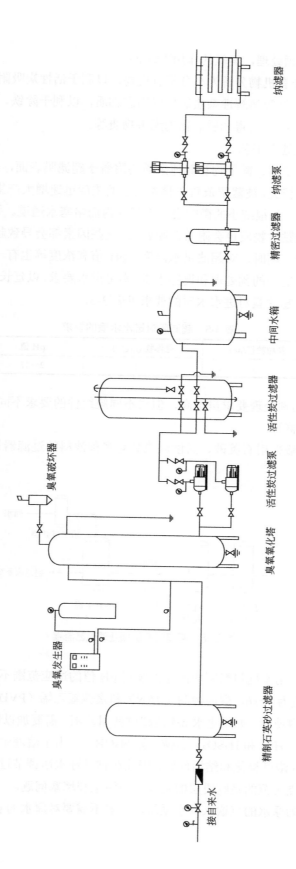

图 3-7 某学校管道直饮水纳滤膜系统预处理工艺流程

该工艺采用臭氧预处理,臭氧的作用[4]如下:

① 将水中大分子有机物分解为小分子有机物,以利于活性炭吸附;

② 把水中的铁、锰等溶解性杂质氧化成固态物质,以利于除铁、除锰;

③ 可将氰化物、酚等有毒物质氧化为无害物质等。

（2）超滤膜的预处理工艺

水中的悬浮物、胶体、微生物和其他杂质会附着于超滤膜表面,从而使膜受到污染。由于超滤膜水通量比较大,被截留杂质在膜表面上的浓度迅速增大产生所谓的浓度极化现象,更为严重的是有一些很细小的微粒会进入膜孔内而堵塞水通道。另外,水中微生物及其新陈代谢产物生成黏性物质也会附着在膜表面。这些因素都会导致超滤膜透水率的下降以及分离性能的变化。同时,对超滤供水温度、pH 值和浓度等也有一定的要求。因此,对超滤供水必须进行适当的预处理和调整水质,满足供水要求,以延长超滤膜的使用寿命,降低水处理的费用。超滤膜对进水水质的要求见表 3-5。

表 3-5　超滤膜对进水水质的要求

浑浊度/NTU	颗粒粒径/μm	悬浮物/(mg/L)	pH 值	水温/℃
<5	<5	3～5	2～13	<45

超滤膜对原水的预处理要求虽不高,但对不同膜组件的要求不同。一般包括预过滤、pH 值调节、温度调整等。

① 预过滤。一般采用石英砂、活性炭或装有多种滤料的过滤器进行预过滤,其工艺流程如图 3-8 所示。

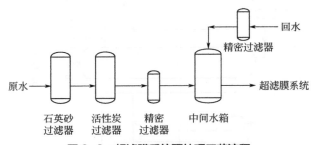

图 3-8　超滤膜系统预处理工艺流程

② pH 值调节。用不同材料制成的超滤膜对 pH 值的适应范围不同,例如,醋酸纤维素超滤膜适合 pH 值为 4～6,聚丙烯腈（PAN）和聚偏氟乙烯（PVDF）等超滤膜可在 pH 值为 2～12 的范围内使用。如果进水 pH 值超过使用范围,需要加以调节,目前常用的 pH 调节剂主要有酸（如 HCl 和 H_2SO_4）和碱（如 NaOH）。由于溶液中无机盐可以透过超滤膜,不存在无机盐的浓度极化和结垢问题,因此在预处理水质调节过程中一般不考虑它们对膜的影响,而重点防范的是胶质层的生成、膜污染和堵塞问题。

以市政自来水为原水的直饮水制水系统,一般不需要对原水的 pH 值进行调节。

③ 温度调整。超滤膜透水性能的发挥与温度高低有直接的关系，超滤膜组件标定的透水速率一般是用纯水在 25℃ 条件下测试的，超滤膜的透水速率与温度成正比，温度系数约为 0.02℃$^{-1}$，即温度每升高 1℃，透水速率约相应增加 2.0%。因此当供水温度较低（如<5℃）时，可采用某种升温措施，使其在较高温度下运行，以提高工作效率。但当温度过高时，同样对膜不利，会导致膜性能的变化，可采用冷却措施，降低供水温度。

3.2.2　膜处理工艺设计

对于以城市自来水为水源的直饮水深度处理工艺，本着经济、实用的原则采用臭氧活性炭或活性炭辅以微滤、超滤和消毒工艺，充分发挥各自的处理优势，是完全可以满足优质直饮水水质要求的。只有在某些城市水源污染较严重、含盐量较高、水中低分子极性有机物较多的自来水深度净化中，才考虑采用纳滤。至于反渗透技术用于直饮水深度净化，除要求达到纯净水水质外，一般宜少用。反渗透出水的 pH 值一般均小于 6，需调节 pH 值后才能满足直饮水水质标准的要求。

实际管道直饮水工程应用中，往往是根据原水水质的不同情况并兼顾用户的需求，而采用不同种类的过滤膜。

3.2.2.1　针对微污染水源水

微污染水源水，主要考虑硬度和含盐量的高低，具体做法及处理效果如下[5]：

① 针对硬度和含盐量较低或适中的微污染水源水，可采用超滤膜组件，系统出水中污染物的平均去除率可达到：总有机碳（TOC）81%、挥发性有机物（VOCs，主要是卤代烃及苯系物）80%、氨氮 66%、亚硝酸盐 64%、余氯 75%。水质满足直饮水水质要求。

② 针对硬度和含盐量偏高的微污染水源水，可采用纳滤膜组件，系统出水中污染物的平均去除率可以达到：TOC 90%、VOCs 93%、氨氮 88%、亚硝酸盐 89%、余氯 85%。水质满足直饮水水质要求。

③ 针对污染程度相对较高的微污染源水，可采用反渗透膜组件，系统出水中污染物的平均去除率可以达到：TOC 95%、VOCs 98%、氨氮 95%、亚硝酸盐 98%、余氯 99%。水质满足直饮水水质要求。

3.2.2.2　针对污染较严重的水源水

若水源水的水质污染比较严重，特别是出现有机污染比较突出的情况时，应在预处理过程增加有机物降解去除工艺和装置，再采用纳滤膜或反渗透膜过滤。考虑到便于运营和管理，一般增设强氧化工艺和设备，例如，在砂滤器之后和活性炭过滤器之前增设臭氧氧化装置，通过臭氧氧化工艺来去除有机物、降解大分子有机物和杀菌，而臭氧反应器的尾气需要经过活性炭吸附净化后才能外排。

3.2.3　后处理工艺设计

后处理是指膜处理后的保质或水质调整处理。

为了保证管道直饮水水质的长期稳定性，通常需要采用一定的方法进行保质，常用方法有臭氧消毒、紫外线消毒、二氧化氯消毒或氯消毒等。

在一些特殊的管道直饮水工程中，尤其是采用反渗透膜工艺的直饮水工程，还可能需要对产品水进行水质调整处理，以获得饮用水的某些特殊附加功能（如健康美味、活化等，其中某些功能有待进一步研究论证），常用方法有 pH 值调节、温度调节、矿化（如麦饭石、木鱼石等）过滤、（电）磁化等。

为了保障人们的身体健康，防止水致疾病的传播，管道直饮水中不应含有致病微生物。管道直饮水虽是在自来水基础上再经过过滤、活性炭吸附及膜工艺处理，强化消毒仍是保证水质的不可缺少的重要环节，也是后处理最主要的任务。

消毒灭菌措施应符合以下规定：a. 选用紫外线消毒时，紫外线有效剂量不应低于 $40mJ/cm^2$，紫外线消毒设备应符合现行国家标准《城市给排水紫外线消毒设备》（GB/T 19837—2019）的规定；b. 采用臭氧消毒时，产品水中臭氧残留浓度不应小于 0.01mg/L；c. 采用二氧化氯消毒时，产品水中二氧化氯残留浓度不应小于 0.01mg/L；d. 采用氯消毒时，产品水中氯残留浓度不应小于 0.01mg/L；e. 根据季节变化，消毒方法可组合使用；f. 消毒灭菌设备应安全可靠，投加量精准，并应有报警功能。

几种常用消毒方式的效果见表 3-6。

表 3-6　常用消毒方式的效果

作用	紫外线	O_3	ClO_2	Cl_2	O_3+UV
消毒效果	极好	极好	很好	好	极好
除臭味	好	很好	好	无	很好
THMs	无	无	无	极明显	无
致变物生成	无	不明显	不明显	明显	不明显
毒性物质生成	无	不明显	不明显	明显	不明显
除铁锰	无	较好	极好	不明显	较好
去氮作用	无	无	无	极好	无

饮用水消毒剂或消毒方法应能满足下列要求：a. 对人体无毒，无不良味道，不给水质以不良的影响，处理后的水口感好；b. 能迅速溶解到水里，迅速释放出杀菌的有效成分；c. 在短时间内就能杀灭（而不是抑制）水中的致病菌；d. 对所有类型的肠道致病微生物和各种天然水体内的病菌都有较强的杀菌效果；e. 不与水中含有的无机物和有机物发生化学反应而降低或破坏其杀菌效果，或产生有毒化合物；f. 操作方便，剂量可调，卫生安全，价格便宜。

通过上述对比，臭氧、二氧化氯、紫外线、臭氧+紫外线（O_3+UV）是较好的消毒方式，在管道直饮水系统中可单独或组合使用。亦可根据季节变化采用臭氧+二氧化氯消毒系统。也可采用高级氧化杀菌系统（O_3/UV+ClO_2），此系统的特点是能使 O_3 投入量很低，杀菌效果极好，没有 O_3 残留，形成的消毒副产物少，加氯量很低，不影响口感，也不会明显形成消毒副产物。在某些工程中也采用微电解消毒技术，取得了很好的效果。

根据《饮用净水水质标准》（CJ 94—2005）提出的消毒剂残留浓度要求，为了确保管网末梢水在使用过程中不滋生细菌，余氯的浓度一般控制≥0.01mg/L。从口感考虑，余氯含量越低越好，消毒系统应能做到调节控制。余氯一般控制范围为供水 0.05～0.08mg/L、回水 0.03～0.05mg/L。

3.3

管道直饮水系统的管网设计及管材选型

3.3.1　管网设计

管道直饮水管网的设计、管材类型对管网末梢出水达到饮用净水水质标准尤为重要。管道直饮水管网的设计不同于市政自来水管网的设计，其核心是：分质供水管网要使净水循环流畅，尽可能不存在死角。循环流畅的意义在于管网中未被用户使用的水必须能够及时流动和经过管网消毒系统回流至净水水箱，而不是在某段管道中长时间停留，否则极易造成管网二次污染，滋生细菌[6]。

3.3.1.1　高低层建筑管道直饮水管网布置设计

《建筑与小区管道直饮水系统技术规程》（CJJ/T 110—2017）（以下简称《规程》）[1]第 5.0.6 条指出，居住小区集中供水系统可在净水机房内设分区供水泵或设不同性质建筑物的供水泵，或在建筑物内设减压阀竖向分区供水。该条要求在管道直饮水管网系统设计中，应采用安全可靠的减压措施，如设置减压阀或减压孔板，以便保证循环回水系统压力平衡。

《规程》第 5.0.7 条指出，管道直饮水系统设计应设循环管道，供回水管网设计为同程式。此条主要针对单体住宅多、建筑内直饮水立管较多及供水范围大的住宅生活小区，即室内外直饮水管网系统均须采用循环同程布置。这种设计方式能使各栋住宅建筑的供水管路与汇水管路水头损失基本相等，以便保证管网供水的安全和压力平衡。

四种不同情况的管网布设方式[2]如下。

① 低楼层区少立管布设方式：该布设方式适用于高度小于 50m、立管数较少的建筑物，低楼层区亦可用支管可调试减压阀，如图 3-9（a）所示。

② 高楼层区多立管布设方式：该布设方式适用于高度大于 50m、立管数较多的高层建筑物，如图 3-9（b）所示。

③ 多幢多层的小区建筑布设方式：该布设方式适用于多幢多层的小区建筑，如图 3-9

（c）所示。

④ 高层群体建筑布设方式：该布设方式适用于高、多层的群体建筑，如图3-9（d）所示。

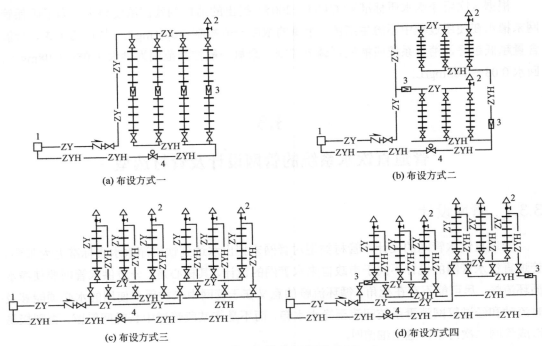

(a) 布设方式一　　　　　　　　　　　　　　(b) 布设方式二

(c) 布设方式三　　　　　　　　　　　　　　(d) 布设方式四

图3-9　管道直饮水管网布置的四种方式

1—水箱；2—自动排气阀；3—可调式减压阀；4—电磁阀或控制回流装置；
ZY—管道直饮水供水管道；ZYH—管道直饮水循环管道

3.3.1.2　循环管道设计

为了确保直饮水用户端水质和水压稳定，建筑与小区管道直饮水系统应设循环管道，供回水管网应设计为同程式，如图3-10所示。

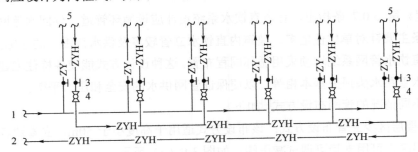

图3-10　管道直饮水全循环同程系统示意

1—自净水机房；2—至净水机房；3—流量调节阀；4—流量平衡阀；5—单元建筑；
ZY—管道直饮水供水管道；ZYH—管道直饮水循环管道

　　针对小区建筑物较多、供水范围大以及单体建筑内立管多等现状，规定了室内外供水管网采用"全循环同程系统"，如图 3-10 所示。这种循环方式能使室内外管网中各个进出水管的阻力损失之和基本保持相当，便于室内外管网的供水平衡，达到全循环要求。所以对同一小区的不同栋号而言（即不同供水单元），无论建筑单元的多少，其室内阻力基本达到平衡，室外管网保持同程，其循环时，整个循环系统实现水力平衡，基本上不会出现死水现象。

　　供配水管网的形状会对滞水的形成产生影响。管道直饮水的管道布置与一般给水系统区别在于前者必须设有循环回流管。当管网为树枝状时，若某支管无人用水，便形成滞水；当管网为环状时，这一问题便会缓解甚至消除。因此，直饮水管网（室内）必须布置成环状使各个立管及上下环（横）管均是供水管网的一部分。如果设计得当，即使某一立管无用水，也不易形成滞水。室外供水主干管可树枝状供水，也可在一定的范围内水平成环，以降低管网运行压力，并可提高直饮水供水的安全性。室外循环回流主干管呈树枝状布置，回流至净水机房，如图 3-11 所示[2]。

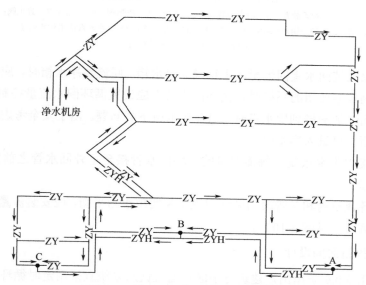

图 3-11　某小区管道直饮水系统室外管网
A,B,C—电磁阀或控制回流装置；ZY—管道直饮水供水管道；ZYH—管道直饮水循环管道

　　建筑物内高区和低区供水管网的回水管连接至同一循环回水干管时，高区回水管上应设置减压稳压阀，并应保证系统循环。设置减压措施是为保证高低区回水管的压力平衡，在系统循环时实现各分区系统的水力平衡，避免出现死水现象，如图 3-9 所示。

　　为保证管网正常运行和易于维护管理，配水管网循环立管上端和下端应设阀门，供水管网应设检修阀门。在管网最低端应设排水阀，管道最高处应设排气阀。排气阀处应有滤菌、防尘装置。排水阀设置处不得有死水存留现象，排水口应有防污染措施，如图 3-12 所示。

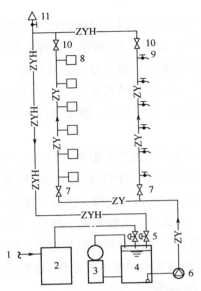

图 3-12   管道直饮水管网必需配件

1—给水；2—处理装置；3—消毒装置；4—净水槽；5—控制阀；6—水泵；7—截止阀；
8—饮水器；9—用水水嘴；10—调节阀；11—排气阀；ZY—管道直饮水供水管道；
ZYH—管道直饮水循环管道

管道直饮水系统回水宜回流至净水箱或原水水箱。回流到净水箱时，应加强消毒。采用供水泵兼作循环泵使用的系统时，循环回水管上应设置循环回水流量控制阀。

净水设备出水被输送到用水点时，仍存在水质下降问题。出于安全考虑，循环回水须经过消毒处理后方可进入净水箱。

居住小区集中供水系统中每幢建筑的循环回水管接至室外回水管之前宜采取安装流量平衡阀等措施。

为了控制各建筑内和各管段的循环回流量和实现水力平衡，应安装流量平衡阀，便于直观进行流量调节（见图 3-10）。

3.3.1.3   水力停留时间设计

《规程》第 5.0.9 条指出，建筑与小区管道直饮水系统宜采用定时循环，供配水系统中的直饮水停留时间不应超过 12h。

在正常情况下，水在管网系统中（包括管、水箱等）停留的时间越长，水质下降越大；反之，水质下降就小。也就是说，循环越快，停留时间越短，则用水点的水质越接近水处理装置出口水质，即水质越好，但循环加快会使循环设施费及运转费用增大。考虑到管网存在极少用水时段长度（一般夜间 12 点至早晨 6 点）应至少完成一次循环，以保持直饮水的新鲜，故要求直饮水在供配水管网中的停留时间不应超过 12h。而益民管道直饮水采用的是全日候 24h 循环，为了让用户喝上新鲜、健康的水。

3.3.1.4   其他

《规程》第 5.0.13 条指出，不循环的支管长度不宜大于 6m。因为不循环的支管过长，易形成滞水。管道过长可考虑在支管上安装带止水器的直饮水水表。采用臭氧等会产生浓度扩散的消毒方式时，可延长支管长度。需要注意的是支管阀门必须处于开启状态。当用户长期未用水时，建议提醒用户使用前应采取放水措施，排放掉支管内滞留的水体。

《规程》第 5.0.14 条指出，管道不应靠近热源敷设。除敷设在建筑垫层内的管道外均应做隔热保温处理。因水温升高会导致水中细菌或微生物的繁殖，使水质发生变化，为此可能会加大消毒剂投加量，从而影响直饮水的口感，故应保持直饮水的温度稳定。

3.3.2　直饮水管材选型

要把直饮水安全、可靠地输送到用户，且最大限度地减小二次污染的影响，管材的选择就显得尤为重要，在整个管道直饮水工程中占有举足轻重的地位。在管道分质供水系统中，影响管网末梢水水质的因素很多，但最为关键的是管材质量[7]，而关于管道材质引起饮用水质污染的报道和研究也屡见不鲜[8-12]。因此，是否选择合适的给水管道管材会直接影响直饮水系统的正常运转，同时也对水质有着非常重要的影响。

3.3.2.1　管材的选用要求

输送直饮水的管材应满足一般给水管材的性能要求，还应具有良好的卫生性能，防止管道运输过程中对水的二次污染。同时应将价值分析运用于直饮水的管材选择当中，以确定工程中具有最优功价比的管材。具体要求见表 3-7。

表 3-7　直饮水管材选用要求

特性	要求
化学稳定性	在常温下，主要成分不能溶于水中，不生锈
物理稳定性	管道受压后不变形，管道内壁光洁，使用寿命长
耐热性	耐热性能好，预热后膨胀率小
施工造价	材料经济，配件齐全，施工简单

3.3.2.2　管材的选用

目前，在直饮水工程中常用的符合卫生标准的管材有不锈钢管、铜管、PPR 管、AGR 管、PVC 管等。

（1）不锈钢管

薄壁不锈钢管，国内于 20 世纪 90 年代末才开始生产、使用，是当今管材领域最被看好的新型管材之一。其具有力学性能优异、抗破坏性好、耐腐蚀、无污染、安全卫生、热导率低、经久耐用、外观豪华等诸多优点；但存在价格贵、高空安装难度大等缺点。

（2）铜管

住宅建筑中的铜管是指薄壁紫铜管。按有无包覆材料分为裸铜管和塑覆铜管（管外壁覆有热挤塑料覆层，用以保护铜管和管道保温）。薄壁铜管具有较好的力学性能和良好的延展性，其管材坚硬、强度高，抗拉强度在 205～315MPa 之间。由于管材的管壁较薄，所用的材料也较少，所以质量较轻；又因其管壁光滑，流动阻力小，有利于节约管材和降低能耗。铜管可以再生，国内每年有 1/3 的铜可再生利用。铜在化学活性排序中的序位很低，比氢还靠后，因而性能稳定，不易腐蚀。此外铜管还有抑制细菌生长的功能。但铜管易被酸腐蚀，在潮湿的环境下易氧化产生铜绿，此外金属铜离子的溶出也会造成一定的饮用安全风险。

（3）PPR 管

PPR（polypropylene random）管，又称无规共聚聚丙烯管，是一种采用无规共聚聚丙烯为原料的管材。PPR 管除了具有一般塑料管重量轻、耐腐蚀、不结垢、使用寿命长等特点外，还具有下列主要特点：

① 无毒、卫生。PPR 的原料分子只有碳、氢元素，没有有毒有害的元素存在，卫生可靠，不仅用于冷热水管道，还可用于纯净饮用水系统。

② 保温节能。PPR 管热导率为 0.21W/(m·K)，仅为钢管的 1/200。

③ 较好的耐热性。PPR 管的维卡软化点为 131.5℃。最高工作温度可达 95℃，可满足建筑给排水规范中热水系统的使用要求。

④ 使用寿命长。PPR 管在工作温度 70℃、工作压力（公称压力）1.0MPa 条件下，使用寿命可达 50 年以上（前提是管材必须是 S3.2 和 S2.5 系列以上）；常温下（20℃）使用寿命可达 100 年以上。

⑤ 安装方便，连接可靠。PPR 具有良好的焊接性能，管材、管件可采用热熔和电熔连接，安装方便，接头可靠，其连接部位的强度大于管材本身的强度。

⑥ 物料可回收利用。PPR 废料经清洁、破碎后回收利用于管材、管件生产。回收料用量不超过总量的 10%，不影响产品质量。

PPR 管的缺点是机械强度低，抗破坏性差，易老化，如果用于室外管道，受日光紫外线照射会发生老化变质；另外由于这类管材在加工过程中添加了增塑剂、抗老化剂，可能会有一些有毒有害的有机物和重金属溶出。

PPR 管采用热熔或电熔连接，连接时需要专用工具，连接表面需加热，对施工人员的技术要求较高，加热时间过长或承插口插入过度会造成水流堵塞，且容易滋生细菌。

（4）AGR 管

AGR 管是由超微粒子的亚克力（acrylieester，丙烯酸树脂）弹性体与聚氯乙烯共聚制成的新型材料。AGR 管充分发挥了两种材料的优势，具有优异的抗冲击性能和耐低温性能（-10℃以下），被称为"塑料钢管"。

AGR 管因采用化学胶水粘接，接口处会造成水质污染，过多的接头存在会对直饮水水质造成长期污染的隐患。

（5）PVC 管

PVC（polyvinylchlorid）管是由聚氯乙烯树脂与稳定剂、润滑剂等配合后用热压法挤压成形，是最早得到开发应用的塑料管材。它的化学稳定性好、耐腐蚀性强、热导率小，不易结露；管材内壁光滑，水流阻力小；材质较轻，加工、运输、安装、维修方便。但 PVC 管强度较低，耐热性能差，不宜在阳光下暴晒，而且不耐臭氧。有研究发现 PVC 管材作为输水管材对水质的口感有一定影响，消费者可以感觉到一些异味，同时有一定量的有机物释放出来[13]；部分 PVC 管有机物溶出和挥发性酚类超标，酚是一种促癌剂，达到一定剂量后可显示出弱的致癌作用[14]。

《建筑与小区管道直饮水系统技术规程》（CJJ/T 110—2017）第 5.0.15 条指出，管材、管件的选择应符合下列规定：a. 管材应选用不锈钢管、铜管等符合食品级要求的优质管材；b. 系统中宜采用与管道同种材质的管件及附配件。而目前在大多数管道直饮水工程中普遍采用的是不锈钢管和优质塑料管联用方式，即在净水房内的管道为不锈钢管，净水房外的输送管道均为优质塑料管。根据上面所述，可知这些管材有着不同的优缺点，而不锈钢管以其优良的性能且从保证直饮水水质方面来说，成了管材首选，但在工程应用中还是应该从实际出发，根据具体情况进行合理选用。

若选用铜管，应注意处理后水的 pH 值变化。若水处理采用了 RO 膜工艺，出水 pH 值可能偏低（pH<6），则不宜采用铜管。从直饮水管道系统考虑，管网和管道中要求有较高流速，则铜管内流速应限制在允许范围之内。

采用氯化聚氯乙烯管（即 PVC 管）应符合国家质量监督检验检疫总局颁布的《冷热水用氯化聚氯乙烯管道系统　第 1 部分：总则》（GB/T 18998.1—2003）、《冷热水用氯化聚氯乙烯管道系统　第 2 部分：管材》（GB/T 18998.2—2003）和《冷热水用氯化聚氯乙烯管道系统　第 3 部分：管件》（GB/T 18998.3—2003）等国家标准要求。

采用聚丙烯管（PPR 管）应符合国家质量监督检验检疫总局颁布的《冷热水用聚丙烯管道系统　第 1 部分：总则》（GB/T 18742.1—2017）、《冷热水用聚丙烯管道系统　第 2 部分：管材》（GB/T 18742.2—2017）和《冷热水用聚丙烯管道系统　第 3 部分：管件》（GB/T 18742.3—2017）等国家标准要求。

无论是选用不锈钢管、铜管、塑料管还是钢塑管，均应达到国家卫生部颁布的《生活饮用水输配水设备及防护材料的安全评价标准》（GB/T 17219—2001）的要求，必须保证所选管材不会给直饮水带来管道的二次污染，杜绝因使用劣质管材造成直饮水污染的现象。

3.4

管道直饮水系统的设计计算及设备选型

3.4.1　设计计算

3.4.1.1　系统最高日直饮水量

最高日直饮水量是管道直饮水系统最基本的数据，系统循环管网的水力计算以及净水设备规模、水箱（罐）的大小均使用此数值。因此，该值的合理与否决定了系统的规模和投资。

管道直饮水系统最高日直饮水量可按下式计算：

$$Q_d = Nq_d \tag{3-1}$$

式中　　Q_d——系统最高日直饮水量，L/d；

　　　　N——系统服务人数，人；

　　　　q_d——人均最高日直饮水量定额，L/(d·人)，可参见表3-1。

3.4.1.2　瞬时高峰用水量

用 m 个龙头的流量之和作为设计流量，便能满足龙头在 $0\sim m$ 间组合各种同时用水的情况，于是就得到了基于概率方法的瞬时高峰用水量计算公式：

$$q_s = mq_0 \tag{3-2}$$

式中　　q_s——瞬时高峰用水量，L/s；

　　　　q_0——水嘴额定流量，L/s；

　　　　m——瞬时高峰用水时使用的水嘴数量。

瞬时高峰用水时使用的水嘴数量 m 可按下式计算：

$$P_n = \sum_{k=0}^{m} \binom{n}{k} p^k (1-p)^{n-k} \geqslant 0.99 \tag{3-3}$$

式中　　P_n——不多于 m 个水嘴同时用水的概率；

　　　　p——水嘴使用概率；

　　　　k——中间变量。

瞬时高峰用水时水嘴使用数 m 计算应符合下列要求：a. 当水嘴数 $n \leqslant 12$ 个时，应按表3-8选取 m 值；b. 当水嘴数量 $n > 12$ 个时，可按表3-9选取 m 值；c. 当 $np \geqslant 5$ 且满足 $n(1-p) \geqslant 5$ 时，可按式（3-4）计算 m 值。

$$m = np + 2.33\sqrt{np(1-p)} \tag{3-4}$$

表 3-8　水嘴数量不多于 12 个时瞬时高峰用水时水嘴使用数 m 取值表

水嘴数量 n/个	1	2	3~8	9~12
使用数量 m/个	1	2	3	4

水嘴使用概率 p 按下式计算：

$$p = \frac{\alpha Q_d}{1800 n q_0} \tag{3-5}$$

式中　　α——经验系数，住宅楼取 0.22、办公楼取 0.27、教学楼取 0.45，旅馆取 0.15；

　　　　n——水嘴数量。

表 3-9　水嘴数量 12 个以上时瞬时高峰用水时水嘴使用数 m 取值

单位: 个

不同 p 值下的 m 取值

n	0.010	0.015	0.020	0.025	0.030	0.035	0.040	0.045	0.050	0.055	0.060	0.065	0.070	0.075	0.080	0.085	0.090	0.095	0.100
25	—	—	—	—	—	4	4	4	4	5	5	5	5	5	6	6	6	6	6
50	—	—	4	4	5	5	6	6	7	7	7	8	8	9	9	9	10	10	10
75	—	4	5	6	6	7	8	8	9	9	10	10	11	11	12	13	13	14	14
100	4	5	6	7	8	8	9	10	11	11	12	13	13	14	15	16	16	17	18
125	4	6	7	8	9	10	11	12	13	13	14	15	16	17	18	18	19	20	21
150	5	6	8	9	10	11	12	13	14	15	16	17	18	19	20	21	22	23	24
175	5	7	8	10	11	12	14	15	16	17	18	20	21	22	23	24	25	26	27
200	6	8	9	11	12	14	15	16	18	19	20	22	23	24	25	27	28	29	30
225	6	8	10	12	13	15	16	18	19	21	22	24	25	27	28	29	31	32	34
250	7	9	11	13	14	16	18	19	21	23	24	26	27	29	31	32	34	35	37
275	7	9	12	14	15	17	19	21	23	25	26	28	30	31	33	35	36	38	40
300	8	10	12	14	16	18	21	22	24	25	28	30	32	34	36	37	39	41	43
325	8	11	13	15	18	20	22	24	26	28	30	32	34	36	38	40	42	44	46
350	8	11	14	16	19	21	23	25	26	28	30	32	34	36	38	40	42	44	46
375	9	12	14	17	20	22	24	27	29	32	34	36	38	41	43	45	47	49	52
400	9	12	15	18	21	23	26	28	31	33	36	38	40	43	45	48	50	52	55
425	10	13	16	19	22	24	27	60	32	35	37	40	43	45	48	50	53	55	57
450	10	13	17	20	23	25	28	31	34	37	39	42	45	47	50	53	55	58	60
475	10	14	17	20	24	27	30	33	35	38	41	44	47	50	52	55	58	61	63
500	11	14	18	21	25	28	31	34	37	40	43	46	49	52	55	58	60	63	66

注：用差值法算得 m。

流出节点的管道有多个水嘴且水嘴使用概率不一致时，则按其中的一个值计算，其他概率值不同的管道，其负担的水嘴数量需经过折算再计入节点上游管段负担的水嘴数量之和。折算数量应按下式计算：

$$n_e = \frac{np}{p_e} \tag{3-6}$$

式中　n_e——水嘴折算数量；

　　　p_e——新的计算概率值。

小区直饮水系统的输水管当取瞬时高峰流量计算，会出现汇合管段的水嘴使用概率 p 不相等，使上游管段水嘴使用数量 m 的计算出现困难。使用概率不相同可由住宅每户设计人数不同或者住宅档次有高低、要求用水量标准不同或不同性质建筑物的组合等因素引起。这些因素的变化使得单位水嘴负担的用水量出现差异。因此，提出在相汇管道的各 p 值中取主管路的值作为上游管段的计算值，用式（3-6）折算出支管的水嘴总数量 n_e，参与到上游管段的计算中。水嘴数量与概率的乘积较大者为主管路。

3.4.1.3　循环流量

在定时循环状况下，循环流量可按下式计算：

$$q_x = \frac{V}{T_1} \tag{3-7}$$

式中　q_x——循环流量，L/h；

　　　V——闭式循环回路上供回水系统的总容积，L，包括供回水管网和净水水箱容积；

　　　T_1——循环时间，h。

根据工程经验、节能要求和管网内水质的保质能力可采用定时循环，可保持水的新鲜，也可满足管网系统的停留时间不超过条文所规定的时间，同时要求循环流量在管网中均匀流动，不形成短路和滞水。

3.4.1.4　供回水管道内水流速度

管道流速受技术和经济两个条件的约束。在技术上，为减少管网的水锤现象，需有最高流速限制，为避免管壁上有杂质积累聚集，需有最低流速限制。技术上的最低流速和最高流速区间范围很大，因此应从经济角度考虑以进一步限定流速。管道直饮水管壁光滑，其技术流速低限应可降低。另外，管道直饮水管径普遍较小，经济流速也应渐小。但是另一方面，管道直饮水管道内壁光滑，压能损失小，另外优质管材较贵，故流速可大些，故在《建筑与小区管道直饮水系统技术规程》（CJJ/T 110—2017）中推荐了流速常规值（见表3-10），其中循环回水管道内的流速宜取高限值。

表 3-10　供回水管道内水流速度

管道直径/mm	水流速度/(m/s)
≥32	1.0～1.5
<32	0.6～1.0

3.4.1.5　净水设备产水量

由于净水设备昂贵，在保证满足用户用水需求的前提下，应尽量缩小净水设备的产水规模。根据以往的运营管理经验，净水设备的经济容量大致为日用水量的 1/16～1/10，即净水设备每日运行 10～16h。因此，净水设备的产水量可按下式计算：

$$Q_j = \frac{1.2Q_d}{T_2} \tag{3-8}$$

式中　Q_j——净水设备的产水量，L/h；

　　　Q_d——最高日直饮水量，L/d；

　　　T_2——净水设备的日运行时间，h。

3.4.2　设备选型

3.4.2.1　变频调速供水水泵

变频调速供水水泵的设计流量应按下式计算：

$$Q_h = q_s \tag{3-9}$$

式中　Q_h——水泵设计流量，L/s；

　　　q_s——瞬时高峰用水量，L/s。

变频调速供水水泵的设计扬程应按下式计算：

$$H_b = h_0 + Z + \sum h \tag{3-10}$$

式中　H_b——水泵设计扬程，m；

　　　h_0——最低工作压强，m；

　　　Z——最不利水嘴与净水箱（槽）最低水位的几何高差，m；

　　　$\sum h$——最不利水嘴到净水箱（槽）的管路总水头损失，m，其计算应符合现行国家标准《建筑给水排水设计规范》（GB 50015—2019）的规定。

3.4.2.2　净水箱

在满足工程的储存和调节时，应尽量减小净水箱容积，防止二次污染，净水箱（槽）的有效容积按系统最高日直饮水量的 30%～40%计算，即

$$V_j = k_j Q_d \tag{3-11}$$

式中　V_j——净水箱的有效容积，L；

　　　k_j——容积经验系数，一般取 0.3～0.4。

净水箱不应设置溢流管，应设置空气呼吸器，当采用臭氧消毒时应设置臭氧尾气处理装置。净水箱应选用不锈钢或其他符合食品级要求的优质钢塑复合材料制作的箱体。

3.4.2.3　原水调节水箱

在满足工程的储存和调节时，应尽量地减小原水调节水箱的容积，原水调节箱（槽）的有效容积按系统最高日直饮水量的 20%计算，同时满足后续处理工艺加压设备的流量调

节要求，即

$$V_y = 0.2Q_d \qquad\qquad (3\text{-}12)$$

式中　V_y——原水调节水箱的有效容积，L。

　　原水调节箱（槽）的自来水管按 Q_j 设计，还应考虑反洗要求水量。当自来水供应的压力和流量足够时，原水调节箱（槽）可不设，因在净水处理过程中投加一些化学药剂，自来水管上必须装设倒流防止器，防止污染生活饮用水。原水水箱应选用不锈钢或其他符合食品级要求的优质钢塑复合材料制作的箱体。

3.4.2.4　净水机房

　　净水机房设计要满足以下要求：

　　① 净水机房应保证通风良好。通风换气次数不应小于 8 次/h，进风口应加装空气净化器，空气净化器附近不得有污染源，目的是保证不会因空气污浊对净水箱（罐）中的产品水造成污染。

　　② 净水机房应有良好的采光及照明，工作面混合照度不应小于 200lx，检验工作场所照度不应小于 540lx，其他场所照度不应小于 100lx，目的是为净水设备的运行、维护提供良好条件。

　　③ 净水设备宜按工艺流程进行布置，同类设备应相对集中布置。机房上方不应设置厕所、浴室、盥洗室、厨房、污水处理间等。除生活饮用水以外的其他管道不得进入净水机房。机房上方不应有排水管道和卫生间，防止这些污水管道万一泄漏或检修影响净水机房的卫生安全。

　　④ 净水机房的隔振防噪设计，应符合现行国家标准《民用建筑隔声设计规范》的规定。隔振防噪措施对设在居民区中的净水机房尤为重要，避免扰民。

　　⑤ 净水机房应满足生产工艺的卫生要求。应有更换材料的清洗、消毒设施和场所。地面、墙壁、吊顶应采用防水、防腐、防霉、易消毒、易清洗的材料铺设。地面应设间接排水设施。门窗应采用不变形、耐腐蚀材料制作，应有锁闭装置，并设有防蚊蝇、防尘、防鼠等措施。

　　⑥ 净水机房应配备空气消毒装置。当采用紫外线空气消毒时，紫外线灯应按 30W/（10～15m²）吊装设置，紫外线消毒与照射距离有关。经验认为距地面 2m 吊装比较适宜，过高过低会影响操作和消毒效果。为防止交叉污染，净水机房不宜与其他功能的房间串行，并需有空气消毒设施。空气消毒现多用紫外线灯。

　　⑦ 为防止净水机房操作人员带入污染物，净水机房应设更衣室，操作人员进入机房时应穿工作服，戴工作帽，换鞋，洗手消毒，所以在机房外宜有这些设施。洗手用流动水。

　　⑧ 净水机房应设置化验室，并应配备有水质检验设备或在制水设备上安装在线实时检测仪表。

3.4.2.5　石英砂过滤器

　　石英砂过滤器利用石英砂作为过滤介质。该滤料具有强度高、寿命长、处理流量大、出水水质稳定可靠的显著优点,石英砂的功能主要是去除水中悬浮物、胶体、泥沙、铁锈。在管道直饮水系统中,经常选用石英砂过滤器作为预处理设备。

石英砂过滤器材质可采用玻璃钢、碳钢或衬胶、全不锈钢,操作方式有全自动和手动两种形式,自动控制是采用自动控制器进行气、液动阀的控制,操作简便易于维护保养。

石英砂过滤器的设计滤速为 8～12m/h,进水水压应≥0.04MPa,进出口压差一般设置为 0.01～0.015 MPa。

根据净水设备产水量和石英砂过滤器的设计滤速,可以计算出石英砂过滤器的滤层面积,即

$$A_{s1} = \frac{Q_j}{1000 u_{s1}} \tag{3-13}$$

式中　A_{s1}——石英砂过滤器滤层面积,m²;

　　　u_{s1}——石英砂过滤器设计滤速,m/h;

　　　Q_j——净水设备的产水量,L/h。

石英砂过滤器滤层厚度同产水量有关,当产水量在 2000L/h 及以上时,滤层厚度 h_1 一般取 700mm。石英砂过滤器垫层厚度与滤层厚度相关,当产水量在 2000L/h 及以上时,垫层厚度 h_2 一般取 700～750mm。

石英砂过滤器的高度 H 可按下式计算:

$$H = \frac{h_1 + h_2}{0.7} \tag{3-14}$$

石英砂过滤器所需滤料的质量可按下式计算:

$$m_{s1} = 1600 A_{s1} (h_1 + h_2) \tag{3-15}$$

式中　m_{s1}——石英砂过滤器滤料质量,kg;

　　　A_{s1}——石英砂过滤器滤层面积,m²;

　　　h_1——滤层厚度,m;

　　　h_2——垫层厚度,m。

在池水的循环过滤中,污染粒子被累积收集在石英砂的滤层当中,导致石英砂颗粒表面的增厚,进而阻碍水的流动,使得过滤器的压力升高,此时即需要借助反冲洗来排除所累积的污染粒子,降低过滤器的压力,增加过滤流量。一般说来,当石英砂过滤器进出水压差超过 0.05MPa 时,就应该进行石英砂过滤器的反冲洗。

反冲洗进水水压应≥0.15MPa,反冲洗强度一般按 10～15L/(s·m²)设计,反冲洗时间一般为 5～7min。

3.4.2.6　活性炭过滤器

活性炭过滤器工艺设计参数:过滤流速一般选取 8～20m/h,炭层厚度为 1.2～1.5m,接触时间一般设计为 10～20min,反洗流速选取 28～33m/h,反洗时间一般设定为 4～10min。由于炭滤与砂滤的工作原理不同,炭滤反冲洗仅能部分地洗掉炭粒表面的污染物,而不可能洗掉吸附在炭粒内孔中的大量污染物。当炭粒内孔吸附饱和时,中小型系统只能换炭,

仅有超大型系统的活性炭再生才具有实际经济价值。

理论上讲，如果活性炭吸附饱和，就应该换新。活性炭吸附饱和所需的时间就是活性炭的更新周期，这与活性炭的品质、原水水质和出水水质要求有关，可通过吸附试验来测定。实际工程中，可采用简单的饱和度测试方法：将活性炭放入水中，看水中是否有大量小气泡产生，如果气泡量少（与新的活性炭相比），说明已达到饱和，需要更换新的活性炭了。对于以自来水为水源的直饮水制备系统，正常使用情况下，活性炭过滤器中活性炭的更新周期为 8～24 个月。

3.4.2.7 精密过滤器

精密过滤器筒体外壳一般采用不锈钢材质制造，内部采用 PP 熔喷、线烧、折叠、钛滤芯、活性炭滤芯等管状滤芯作为过滤元件，根据不同的过滤介质及设计工艺选择不同的过滤元件，以达到出水水质的要求。

精密过滤器工作压力一般设计为 0.05～0.6MPa，工作温度设定为 5～40℃，滤芯接口有平压式或插入式，过滤精度为 3～100μm，滤芯数量可设计为 1～180 芯，滤芯长度为 10～50cm，单台流量为 0.1～300m³/h。

精密过滤器常设置在压力过滤器之后，用于去除液体中细小微粒，以满足后续工序对进水的要求，有时也设置在全套水处理系统末端，来防止细小微粒进入成品水。常用的滤芯有以下几种规格：0.1μm、0.2μm、0.5μm、0.8μm、1μm、2μm、3μm、5μm、10μm、20μm、30μm、50μm、75μm、100μm。

3.4.2.8 超滤膜系统

超滤膜选型应符合住房和城乡建设部颁布的《城镇给水膜处理技术规程》（CJJ/T 251—2017）要求。

（1）产水量设计

选定超滤膜系统反冲洗周期为 T_{U1} (min)，反冲洗时间为 T_{U2} (min)，在反冲洗前后各进行一次正冲洗且冲洗时间为 T_{U3} (min)，那么一个运行周期 T_{Ut} (min) 为

$$T_{Ut} = T_{U1} + T_{U2} + 2T_{U3} \tag{3-16}$$

每日正反冲洗次数为

$$M_U = 24 \times \frac{60}{T_{Ut}} \tag{3-17}$$

每日冲洗（含正反冲洗）时间 T_{UR} (min) 为

$$T_{UR} = M_U (T_{U2} + 2T_{U3}) \tag{3-18}$$

每日产水时间 T_{Uw} (min) 则为

$$T_{UW} = 24 \times 60 - T_{UR} \tag{3-19}$$

若用户要求的产水量为 Q_j (L/h)，那么超滤膜产水率应为

$$Q_{U1} = Q_j \times 24 \times \frac{60}{T_{UW}} \tag{3-20}$$

式中　Q_{U1}——超滤膜所需产水率，L/h。

反冲洗用水采用超滤产水，反冲洗用水量按产水量的 2 倍设计；正冲洗用水采用原水，那么超滤膜系统实际产水量要求为

$$Q_{UT} = Q_{U1}\left(1 + \frac{2T_{U2}}{3600}\right) \qquad (3\text{-}21)$$

式中　Q_{UT}——超滤膜系统实际要求的产水量，L/h。

（2）超滤膜组件数量的计算

大量试验和实际应用经验表明：超滤膜的水通量 q_U [L/(m²·h)] 与超滤膜的操作水压成正比，还与制膜材料及其配比以及制膜方法有关[15]，一般为 30～80L/(m²·h)。

若超滤膜的设计水通量为 q_U，产水量为 Q_{UT}，那么所需超滤膜面积为

$$S_{UT} = Q_{UT} / q_U \qquad (3\text{-}22)$$

式中　S_{UT}——所需超滤膜面积，m²；

　　　q_U——超滤膜的水通量，L/(m²·h)；

　　　Q_{UT}——超滤膜系统实际要求的产水量，L/h。

若已知单根超滤膜组件膜面积为 S_{U0}，那么所需超滤膜组件数为

$$N_U = S_{UT} / S_{U0} \qquad (3\text{-}23)$$

（3）超滤原水泵选型

超滤膜系统的设计回收率可取 90%，按每套产水量及回收率的计算，每套超滤原水泵的流量为

$$Q_{p0} = Q_{UT} / 0.9 \qquad (3\text{-}24)$$

式中　Q_{p0}——原水的水泵流量，m³/h。

超滤原水泵扬程的选择取决于超滤膜所需进口水压力。一般情况下，水泵出水水压与扬程成正比，当扬程为 100m 时出水水压为 1MPa。超滤膜系统进水口压力一般要求在 0.2～0.4MPa 左右，故可选取超滤原水泵扬程为 30m 左右，一般选用恒流控制泵。

（4）反冲洗水泵选型

反冲洗强度按产水量的 2 倍设计，那么反冲洗水泵流量为

$$Q_{pU} = 2Q_{p0} \qquad (3\text{-}25)$$

式中　Q_{pU}——超滤膜反冲洗水泵的流量，m³/h。

反冲洗水泵的扬程取决于反冲洗水压要求，一般选取扬程 15～20m。超滤膜正洗与原水泵共用。

（5）化学清洗设计

当超滤膜的产水量下降 15% 以上、超滤器进出口压差升高 15% 或盐透过率比初始值增加 10% 以上时，需要对超滤膜进行化学清洗。

清洗管道直径一般选用 DN100mm，长度约 20m。

化学清洗水量取超滤膜设计水通量的 2 倍，即 $2q_U$，化学清洗水泵扬程一般选取 20m，清洗液在清洗水箱配置好后，须先经过 50μm 的精密过滤器后，才能输送到超滤膜系统。

　　清洗水箱的容积以确保能充满超滤膜组件和清洗管道为最低要求,以放大 20%容积为佳。

3.4.2.9　反渗透和纳滤系统

　　在设计反渗透和纳滤系统时,正确掌握原水水质和对产水的要求是最基本的要素,对各个装置的设计进行优化组合是保证系统正常运行必不可少的重要环节。

　　在反渗透和纳滤系统设计中,膜元件型号的选择、水通量选择以及回收率是需要首先确定的设计参数。一般尽可能设计高的回收率,这样可以降低供给水的量,减少预处理的成本。但是,系统回收率过高会产生以下弊端:a. 结垢的风险增大,需要添加阻垢剂;b. 产水的水质下降;c. 运行操作压力增高,泵和相关设备的费用增加。

　　(1)产水量和产水水质

　　设计产水量应能满足客户用水量需求。纯净水回收率的设计一定要符合安全标准,一般建议要有一定的设计弹性。使用某公司的膜元件时应注意参看该公司的设计导则。

　　一般说来,可以按照客户的需求或者相关行业的国家或行业标准确定反渗透或纳滤系统的产水水质和水量。这些要求决定了系统的规模和所用的工艺过程,如单位时间的产水量,膜组件种类、数量和排列方式,回收率以及具体的工艺流程等。

　　反渗透和纳滤系统设计产水量的计算方法与超滤膜系统设计产水量的计算方法相同。

　　(2)系统的运行方式

　　一般分为批式操作和连续操作两种。批式处理是指储存一定量的进水,一定期间内处理产水和浓水,一般在小规模的浓缩工程和水量小或连续供水不足的场合被采用。连续操作是设定一定的回收率和产水量,基本上以一定的操作压力连续地分离处理产水和浓水,大规模的反渗透和纳滤装置都采用连续过滤。

　　(3)膜材料

　　膜种类繁多,不同种类的膜用途可能不同。

　　醋酸纤维素膜(CA 膜),最早用于反渗透水处理工艺,具有价廉、耐游离氯、耐污染的特点,多用于饮用水净化和淤泥密度指数(SDI)较高的地方。

　　芳香族聚酰胺复合膜,通量高,脱盐率高,操作压力低,耐生物降解,操作 pH 值范围宽(pH 值 2~11),不易水解,脱 SiO_2 和 NO_3^- 以及有机物都较好,但不耐游离氯,易受到 Fe、Al 和阳离子絮凝剂的污染,污染速度较快。

　　(4)组件形式

　　目前大规模应用的反渗透和纳滤膜材料的组件形式主要是卷式和中空纤维式。

　　选用膜组件时应综合考虑组件的制备难易、流动状态、堆砌密度、清洗难易等方面。据进水和出水水质,可初步选定膜元件,由产水量可初步确定元件的个数。

　　(5)回收率

　　回收率的确定影响到膜组件的选择和工艺的确定。根据产水水量和回收率确定膜元件的个数。一般海水淡化回收率在 30%~45%,纯水制备在 70%~85%。在实际设计过程中,应根据预处理、进水水质等条件来确定。

（6）膜的压密化、污染和疏松化问题

反渗透膜在使用过程中随着使用时间的延长，产水量会发生衰减。这主要是由于膜长时间在高温高压下运行，在温度和压力的协同作用下，会出现膜的压密化现象，其结果会造成产水量下降或系统操作压力上升。压密化是膜性能的不可逆衰减，事实上复合膜比醋酸纤维素膜更耐压密化。

由于纳滤膜和反渗透膜孔隙细小、拦截的分子量较小，一些稍大分子量的污染物会被截留于膜表面，易形成膜面污染。膜污染是造成膜产水通量衰减的主要原因之一。

反渗透和纳滤膜的产水量下降斜率可按下式计算：

$$m_q = \lg\left(\frac{Q_{S0}}{Q_{St}}\right) / \lg t \tag{3-26}$$

式中　m_q——产水量下降斜率；

$\quad\quad$ t——运行时间，h；

Q_{S0} 和 Q_{St}——系统运行初期、运行 t 小时后的产水量，m³/h。

通常 CA 类膜 m_q 为 -0.05～-0.03，复合膜的 m_q 为 -0.02～-0.01。即 CA 类膜产水量年均下降 10%左右，复合膜下降 5%左右。根据进料的不同也有一定的变化。

由于反渗透膜和纳滤膜在使用过程中会受到生物或化学因素的作用，膜面材质会发生疏松化，导致膜的截留率衰减而盐透过率增大。通常 CA 类膜的年透盐增长率为 20%左右，复合膜为 10%左右。若系统预处理不合适或者使用过程中操作不当也会使透盐增长率变大。

（7）影响纳滤和反渗透过程的主要因素

1）介质温度

反渗透膜和纳滤膜的透水通量随过滤介质的温度变化而发生较大的变化。通常根据下式进行计算：

$$Q_T = Q_0 \times 1.03^{T-25} \tag{3-27}$$

式中　T——温度，℃；

$\quad\quad$ Q_T——介质温度为 T 状况下的水通量，m³/h；

$\quad\quad$ Q_0——介质温度为 25℃状况下的水通量，m³/h。

从式（3-27）可知，介质温度每一摄氏度的变化可使系统产水量变化 3%左右。

也可用温度校正因子（TCF）来表示介质温度的影响。可按下式计算温度校正因子：

$$TCF = \exp\left[K_t\left(\frac{1}{273+T} - \frac{1}{298}\right)\right] \tag{3-28}$$

式中　K_t——与膜材料有关的常数。

两种膜的温度校正因子如表 3-11 所列。

表 3-11　两种膜的温度校正因子

温度/℃	温度校正因子（TCF）	
	CA 膜	复合膜
5	0.590	0.534
10	0.685	0.630
15	0.786	0.739
20	0.890	0.861
25	1.000	1.000
30	1.115	1.155
35	1.235	1.328
40	1.366	1.520

温度对膜通量影响较大，在进行设计时要充分考虑全年水温的变化。同时采取必要的措施（进出水换热等）减少温度对系统产水效率的影响。

2）浓差极化

在反渗透过程中，由于膜的选择渗透性，溶剂（通常为水）从高压侧透过膜，而溶质则被膜截留，其浓度在膜表面处升高；同时发生从膜表面向本体的回扩散，当这两种传质过程达到动态平衡时，膜表面处的浓度 c_2 高于主体溶液浓度 c_1，这种现象称为浓差极化，如图 3-13 所示。上述两种浓度的比率 c_2 / c_1 称为浓差极化度。

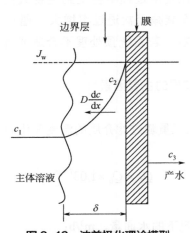

图 3-13　浓差极化理论模型

浓差极化度可根据膜-液相界面层邻近膜-面传质的质量平衡的微分方程加以积分，然后将边界条件代入求得[16]，即

$$\frac{c_2}{c_1}=1-\left(1-r_c\right)\mathrm{e}^{\frac{q_w}{bU^\theta}}\qquad(3\text{-}29)$$

式中　r_c——膜的截留率，即 $(1-c_2 / c_1)$；

　　　q_w——水通量，$\mathrm{m^3/h}$；

b——比例常数；

U——膜管水流平均流速，m/h；

θ——指数。

从式（3-29）可知，膜的水通量 q_w 同浓差极化度 c_2/c_1 成反比。因此，浓差极化会降低膜的水通量和脱盐率。这是由于膜表面浓度增加，使水中的微溶盐（$CaCO_3$ 和 $CaSO_4$ 等）沉淀，增大膜的透水阻力和流道压力降，使膜的水通量和脱盐率进一步降低。若极化严重，会导致反渗透膜性能的急剧恶化。

反渗透过程中的浓差极化不能消除只能降低，降低途径如下：

① 合理设计和精心制作反渗透基本单元——膜元（组）件，使流体分布均匀，促进湍流等。

② 适当控制操作流速，改善流动状态，使膜-液相界面层的厚度减至适当的程度，以降低浓差极化度。通常浓差极化度有一个合理的值，约为 1.2。

③ 适当提高温度，以降低流体黏度和提高溶质的扩散系数。

对于直饮水系统，反渗透和纳滤过程的渗透压 P_π 可按下式近似计算：

$$P_\pi = 0.714 c_{TDS} \times 10^{-4} \tag{3-30}$$

式中　P_π——渗透压，MPa；

c_{TDS}——总溶解性固体浓度，mg/L。

膜的净驱动压力为

$$P_{ND} = P_{ent} - P_{ext} - 0.5\Delta P - P_{\pi m} \tag{3-31}$$

式中　P_{ND}——膜的净驱动压力，MPa；

P_{ent}、P_{ext}——膜进水口、出水口水压，MPa；

ΔP——膜进出口压差，MPa；

$P_{\pi m}$——平均渗透压，MPa。

膜系统的产水量为

$$Q_{OS} = K_s S P_{ND} \tag{3-32}$$

式中　Q_{OS}——膜系统产水量，m³/h；

K_s——水的渗透性常数，m/（h·MPa）；

S——膜的表面积，m²。

膜系统的回收率为

$$R_w = \frac{Q_{OS}}{Q_{p0}} \times 100\% \tag{3-33}$$

式中　R_w——膜系统回收率，%；

Q_{OS}——膜系统产水量，m³/h；

Q_{p0}——膜系统进水量，m³/h。

膜系统的浓缩因子计算公式为

$$C_f = \frac{1}{1-R_w} \qquad (3\text{-}34)$$

（8）段与级

在膜分离工艺流程中常常会遇到"段"与"级"的概念。

段是指膜组件的浓缩液（浓水）流入下一组膜组件进行处理，流经 n 组膜组件，即称为 n 段；级是指膜组件的产水进入下一组膜组件进行处理，透过液（产品水）经过 m 组膜组件处理，称为 m 级，如图 3-14 所示。

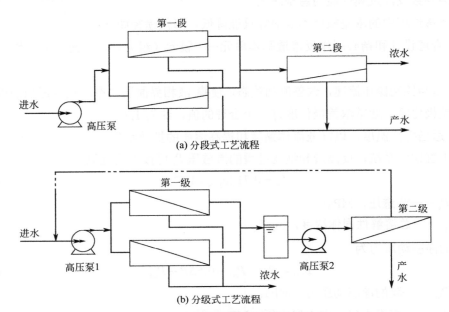

图 3-14　分段式和分级式工艺流程示意

可以将"段"和"级"分别理解为对"浓水分段"和对"产水分级"。

"浓水分段"工艺流程：将前一段的浓水作为下一段的进水，最后一段的浓水排放废弃，而各段产水汇集利用。这一流程适用于处理量大、回收率高的场合，通常用于苦咸水的淡化和低盐度水或自来水的净化。

分级式流程通常为两级，主要是为了提高系统的回收率和产水水质，将浓度低于或等于装置进水的第二级浓水返回到第一级进口处，第一级产水作为第二级进水；第二级产水就是装置的产水；第一级浓水排放。该流程常用于下列情况：a.原水含盐量特别高，一级反渗透难以得到稳定的产水水质，如特别高浓度的海水淡化等；b.水源水质经常发生较大变化时（如沿海地区地下水不时受到海水倒灌的影响，含盐量波动较大），常规的一级分段式反渗透不适应这种情况，需要考虑其临时变换应急的二级反渗透的多功能流程；c.当一级反渗透达不到最终产水的水质指标（如电导率或电阻率）时，二级反渗透可以省略通常的离子交换而能达到上述水质指标，且简化了水处理系统的流程和操作（如中高压锅炉的用水等）。

参考文献

[1] 中华人民共和国住房和城乡建设部. 建筑与小区管道直饮水系统技术规程: CJJ/T 110—2017[S].

[2] 《管道直饮水系统技术规程》编制组. 管道直饮水系统技术规程实施指南[M]. 北京: 中国建筑工业出版社, 2006.

[3] 王占生, 刘文君. 微污染水源饮用水处理[M]. 北京: 中国建筑工业出版社, 2016.

[4] 费杰. 管道直饮水处理工艺的设计及运行效果分析[J]. 城镇供水, 2001(6): 17-19.

[5] 肖贤明, 刘光汉, 潘海祥, 等. 微污染饮用水深度处理组合工艺技术研究——不同组合工艺对一般有害物质去除效果对比[J]. 环境科学学报, 2000(增刊 1): 69-74.

[6] 彭海清, 李平, 刘霞, 等. 管道分质供水系统的组成及工程设计[J]. 中国给水排水, 2002(5): 65-67.

[7] 张务德, 张雪芹. 新型塑料给水管材的性能和应用[J]. 新型建筑材料, 2001(4): 1-3.

[8] 谢文芳, 陈中文, 罗建勇, 等. 一起管材引起直饮水污染事件的调查[J]. 中华预防医学杂志, 2014, 48(6): 535-536.

[9] 陆娟. 一起直饮水微生物污染事件的调查[J]. 上海预防医学, 2012, 24(11): 614-615.

[10] 宋太全. 家庭不同给水管材对自来水水质的影响[J]. 居业, 2020(6): 80-81.

[11] 王悠. 管道材质对供水管网水质的影响[J]. 供水技术, 2020, 14(3): 38-41.

[12] 李岩. 给水管道管材对水质的影响及防腐措施分析[J]. 全面腐蚀控制, 2020, 34(5): 38-39.

[13] Heim T H, Dietrich A M. Sensory aspects and water quality impacts of chlorinated and chloraminated drinking water in contact with HDPE and CPVC pipe[J]. Water Research, 2007, 41(4): 757-764.

[14] 盛欣, 李红, 叶研, 等. 生活饮用水管材卫生质量调查[J]. 中国卫生检验杂志, 2005, 15(7): 848-849.

[15] 向平, 蒋绍阶. 超滤膜过滤通量计算模型的实验[J]. 重庆大学学报, 2004, 27(1): 69-72.

[16] 许振亮. 膜法水处理技术[M]. 北京: 化学工业出版社, 2001.

第 **4** 章

管道直饮水系统的控制技术

　　为了保障管道直饮水系统的正常运行，管道直饮水系统的制水和供水系统必须设置手动控制系统和自动化控制系统。本章着重介绍管道直饮水控制系统的基本构成、控制原理、操作及故障与诊断。

　　此外，随着管道直饮水控制技术和信息量需求的日益提高，迫切需要高水平、智能化的管理方式，进一步提高水站的自动化程度和运行可靠性，降低人工维护工作量和成本。管道直饮水控制系统正在向智慧水务的方向发展及过渡。本章也针对这些方面结合广东益民环保科技股份有限公司（以下简称"益民公司"）的实践情况加以介绍。

4.1

管道直饮水控制系统的功能与组成

4.1.1　管道直饮水控制系统的功能

　　管道直饮水控制系统应运行安全可靠，应设置故障停机、故障报警装置，并宜实现无人值守、自动运行，应具有以下的基本功能：a. 现场急停控制；b. 现场自动/手动控制；c. 管网供水变频恒压控制；d. 砂滤器、炭滤器的反冲洗、正冲洗控制；e. 主机洗膜控制；f. 水箱高低液位联动控制；g. 紫外线灯与其他设备的联动控制；h. 高压泵低压保护；i. 水泵过载保护；j. 电源过载、短路保护；k. 单相接地保护；l. 故障自动报警停机。

　　此外，智能化的管道直饮水控制系统还可具有以下拓展功能：a. 精滤器滤芯堵塞智能检测；b. 膜污染智能检测；c. 浓水回流节水功能与智能控制；d. 电子水表智能统计；e. 设备运行状态动画显示；f. 运行数据实时显示；g. 报警信息自动显示；h. 设备运行历史查询；i. 操作权限密码保护；j. 设备运行情况远程监视；k. 设备远程控制。

4.1.2　管道直饮水控制系统的组成

　　管道直饮水制水和供水系统宜设手动和自动化控制系统。住房和城乡建设部颁布的《建筑与小区管道直饮水系统技术规程》（CJJ/T 110—2017）中对控制系统做出了原则性规定：净水机房制水、供水过程宜设自动化监控系统[1]。

　　自控系统根据系统工程的规模和要求可分为 3 种操作模式[2]：a. 遥控模式（即通过中心计算机进行控制）；b. 现场自动模式（系统按预先编制的程序和设置的参数自动运行）；c. 现场手动模式（操作人员根据现场情况开启或停止某个设备）。具体选择哪种操作模式也可根据客户需求而定。在遥控模式和现场自动模式的设计中，同时要求具有现场手动控制功能。一般在正常运行时，使用遥控和现场自动模式；在调试和检修情况下，使用手动模式。

　　管道直饮水自动控制系统主要由主控制器、人机操作界面、现场信号采集、输出设备控制、远程监控单元等部分组成。

4.1.2.1 主控制器

管道直饮水系统的设备自动运行需要控制器〔可编程逻辑控制器（programmable logic controller，PLC）〕来自动控制。依据管道直饮水系统工艺流程，按照事先编译的内部程序控制各部分设备的运转。

PLC 是管道直饮水电气监控系统的核心，它对采集得到的所有现场信号和来自操作面板、触摸屏、上位机等的所有操作指令进行分析和处理，而后对外部的输出设备进行控制，如泵的启停、电磁阀的通断等。

4.1.2.2 人机操作界面

人机操作界面是操作人员进行手动、自动选择，以及启动、停止设备，获知设备状态、故障信息的重要部件。传统的人机操作界面是机械式的开关指示灯面板，如图 4-1 所示。机械式开关指示灯面板将按钮旋钮开关、状态指示灯、显示仪表等器件安装于机械面板，具有安装接线复杂、功能单一、占用空间多、硬件故障率高的缺点，只用于一些旧式的或低端简单的控制场所。在要求更高的场所，这种传统机械控制面板被触摸屏人机界面取代。

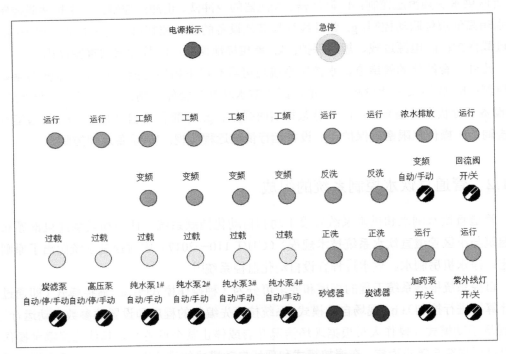

图4-1 某管道直饮水系统机械控制面板

触摸屏人机界面一般包括了彩色液晶显示器和触摸式人机操作面板，界面美观大方，操作直接简便。它具有自动/手动控制功能，可实时显示运行数据、自动显示报警信息；

还具备操作权限密码安全保护功能。另外，功能更高级的触摸屏还具备存储及查询系统设备运行历史数据的功能，以及设备运行状态、工艺流程动画显示等功能。如图4-2、图4-3所示。

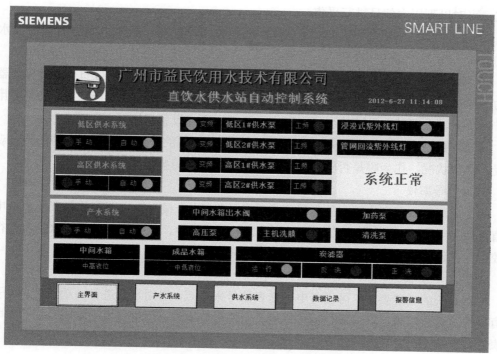

图4-2 益民管道直饮水系统主控制器界面触摸屏

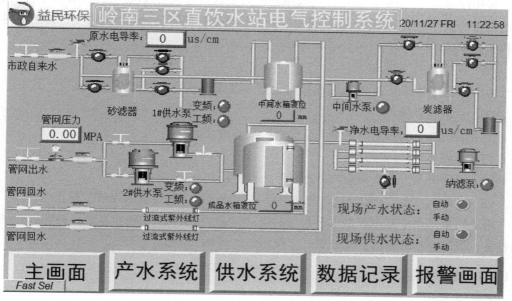

图4-3 触摸屏的工艺流程动画显示

4.1.2.3　现场信号采集

（1）压力变送器

常用的压力变送器有 0~10V 直流电压信号和 4~20mA 直流电流信号两种模拟输出方式，可对以下压力信号进行采集。

① 管网压力。对管网的压力信号进行采集及闭环控制，从而达到恒压优质供水的目的。

② 精滤器压力。在智慧水务系统中对此信号进行采集，采集的目的是通过精滤器的压力变化来观察滤芯堵塞的状况，作为精滤器滤芯是否应该更换的判断依据。另外还用于保护高压泵，保证其在足够的水压下工作，否则将造成设备损坏。

③ 膜前压力。在智慧水务系统中，采集此信号的目的是通过膜前压力的变化来观察膜受污染的状况，作为膜是否应该进行化学清洗或予以更换的判断依据。

（2）电导率仪

用于监测原水和产出纯水的电导率水质参数指标，带模拟输出功能的仪表还可将电导率值转换为 4~20mA 直流电流信号。在智慧水务系统中，此信号用于对浓水回流进行智能控制，在保证水质的前提下尽可能地节约水资源。

（3）电子水表

根据系统的功能要求，可设有电子水表信号采集点，对用水量进行自动统计。电子水表有脉冲式远传水表、串口通信远传水表、无线远传水表、预付费电子水表、插卡式电子水表等。

（4）液位传感器

采用浮球式、干簧管式液位开关或精密压力变送器对水箱液位进行检测，用于控制进、出水设备的启停。浮球式、干簧管式液位开关价格便宜但容易损坏；压力变送器的使用寿命较长，但成本较高。

（5）变频器故障输入

由变频器在故障时向 PLC 发出信号，用于变频器故障报警及处理。

（6）水泵过载输入

由水泵的热继电器发出，用于过载报警及故障处理。

（7）急停按钮

用于紧急情况下或在需要时停止设备的运行。

（8）自动/手动、启动/停止、冲洗等开关、按钮指令信号或触摸屏控制指令信号

用于切换产水子系统和供水子系统的自动/手动状态，启动/停止水泵，控制加药装置等设备，以及控制砂滤器、炭滤器、主机膜的冲洗等。

4.1.2.4　输出设备控制

（1）水泵控制

包括炭滤泵、高压泵、清洗泵和供水泵，其中供水泵为变频运行。

（2）砂滤器、炭滤器控制

砂滤器、炭滤器各自由 5 个电磁阀进行控制，分别有运行、反洗、正洗、停止 4 种状态，与 5 个电磁阀（进水阀、出水阀、反洗进水阀、反洗出水阀、正洗出水阀）的通断状态相对应。根据水质和设备的实际情况每 1～7 日自动对砂滤器、炭滤器进行一次定时冲洗。

砂滤器、炭滤器运行：进水阀、出水阀开通，其余 3 个阀关断。

砂滤器、炭滤器反洗：反洗进水阀、反洗出水阀开通，其余 3 个阀关断。

砂滤器、炭滤器正洗：进水阀、正洗出水阀开通，其余 3 个阀关断。

砂滤器、炭滤器停止：5 个阀均关断。

（3）洗膜电磁阀控制

在每次主机产水开始时开通，以对膜进行冲洗，除去上次停机时残余的水膜及污垢。延时 1～3min 后关断。

（4）浓水回流阀控制

仅在浓水回流时开通，浓水排放到地沟时关断。

（5）杀菌消毒控制

在管道直饮水系统工程中，最常用的净水杀菌消毒方式为紫外线、臭氧、二氧化氯杀菌消毒，而不同消毒方式的设备控制系统会有区别。

① 紫外线灯控制。紫外线灯即紫外线杀菌器，用于对净水进行杀菌消毒，防止水质污染。即在成品水箱内设置浸没式紫外线杀菌器，并在管网回流至成品水箱前的管道上设置过流式紫外线杀菌器。

② 加药/臭氧发生器装置控制。在纳滤/反渗透主机的产水出口至成品水箱之前设置加药口或臭氧投加口，对净水进行杀菌，保证水质安全。

4.1.2.5　远程监控单元

带有通信功能的远程监控单元可以用于本地与远程之间的数据传输，以实现管道直饮水系统的远程在线监视、控制。早期采用电话线+调制解调器（MODEM），现在多采用无线透明传输数据终端（DTU），或是数据采集网卡、网关等。

4.2
管道直饮水控制系统的设计与编程

4.2.1　管道直饮水控制系统的电源设计

管道直饮水控制系统的工作电源有三相交流 380V 电源、单相交流 220V 电源、直流 24V 电源 3 种。根据设备功率进行配电设计。为方便检修一般在总空气开关后设置 3～10 路空气开关分别控制不同的设备电源。

4.2.1.1 总电源

从市电引入三相五线交流 380V 电源，容量为 5～30kW，经用户配电箱引入。用于三相动力及单相负荷。

4.2.1.2 控制及信号电源

由控制柜内 PLC 自带的直流 24V 输出和直流 24V 1～3A 开关电源提供，作为 PLC 的输入电源及各模块的工作电源，以及压力传感器的工作电源。

西门子 S7-200 型 PLC 主机单元有一个内部电源，它为本主机单元、扩展模块以及直流 24V 负荷供电。需要注意的是，必须对 PLC 的输入、输出点以及扩展模块电源消耗定额进行计算，确保不超出 PLC 的电源供电容量值。

同时使用两个以上直流电源的，应将不同电源的公共端等电位连接。

4.2.1.3 漏电保护

可以对管道直饮水控制系统增设漏电保护，漏电动作电流不应大于 30mA，以充分保护维护人员的人身安全。由于管道直饮水控制系统中一般都有变频器，变频器工作时输出高频脉宽调制的电压波形造成漏电保护器误动作，所以漏电保护应避开变频器电路。

4.2.2 管道直饮水控制系统的核心器件选型

首先应明确控制对象和控制要求，计算 PLC 的输入/输出点数。根据管道直饮水的工艺流程图，确定需要采集的信号，包括急停、操作指令、过载输入等数字信号和电导率、压力、液位等模拟信号。确定需要控制的水泵、电磁阀、多路阀、杀菌设备等对象的数量和功率。确定供水泵的联合编组和供水压力控制方案。

根据计算出的输入/输出点数，选择合适的 PLC 主机和扩展模块的型号和数量。要求能充分发挥 PLC 的功能，选择的 PLC 输入/输出点数应大于计算点数，还应预留一定的拓展余地。应在成本控制的基础上最大限度地满足控制要求，不应盲目追求不必要的功能。PLC 的选型还应考虑触摸屏、远程监控功能等对通信端口的类型、数量的要求。

人机操作界面使用的触摸屏应综合考虑屏的大小与性能、拟组态界面的美观性以及成本因素。根据供水泵的联合编组与功率大小，选择功率匹配的变频器。核心器件应尽可能采用性能稳定、质量可靠、发展成熟的自动化产品。例如，常用的 PLC 包括德国的西门子 S7-200 系列，主机有 CPU224、CPU224XP，数字扩展模块 EM222、EM223，模拟扩展模块 EM231。触摸屏为威纶通 TP6070iH、TK6071iP，信捷 TP460-L。变频器为 ABB 品牌 ACS400、ACS510。

4.2.3 管道直饮水控制系统的其他电气设计

管道直饮水控制系统中电气控制系统的功能是控制管道直饮水系统电气设备的运转，其主电路图如图 4-4 所示，PLC 输入/输出电路电气原理图如图 4-5 所示。

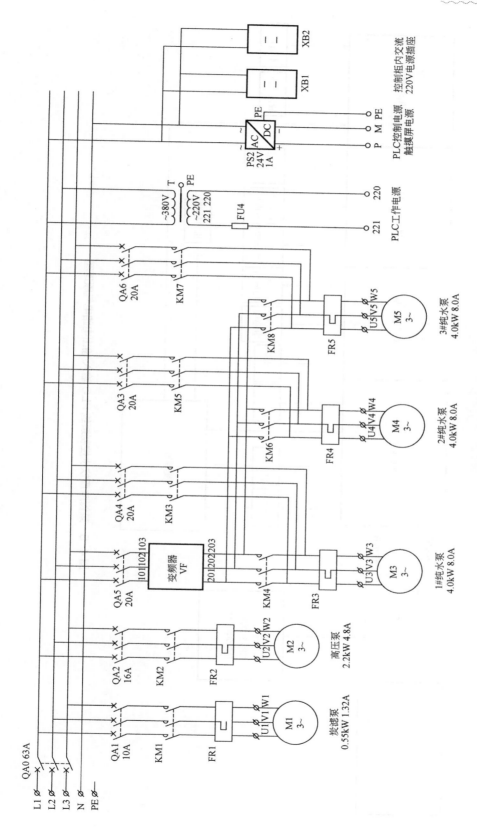

图 4-4 某管道直饮水控制系统主电路图

AC—交流电；DC—直流电

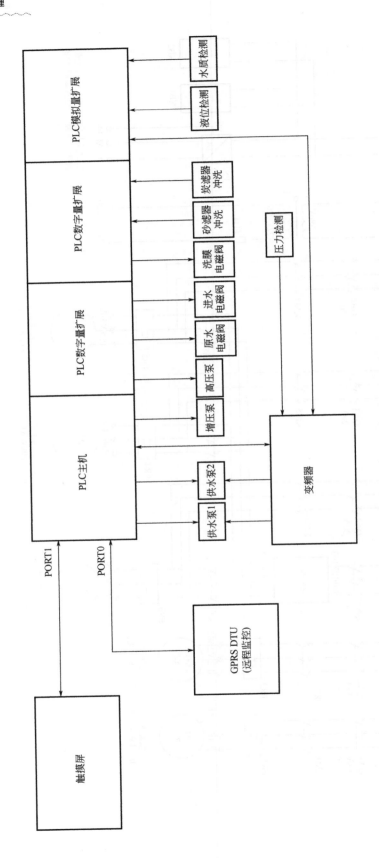

图 4-5 某管道直饮水控制系统 PLC 输入输出电路电气原理图

供水泵应有变频、工频两种工况,同一编组有多台供水泵时,应将多台供水泵并联接到变频器的输出,同时 PLC 程序中应确保任一时间最多只能一台供水泵变频工作、同组其他供水泵工频工作或停止。

控制柜内宜设置 1～3 个交流 220V 插座,用于隔离中继器、数据传输终端(data trabsfer unit,DTU)等的供电、临时用电等。控制柜应有轴流风扇辅助散热。

直饮水供水输出常采用变频恒压方式。变频恒压电气原理如图 4-6 所示。变频器设置为进程控制符(process identifier,PID)闭环控制模式,PID 给定值为恒压值电信号,PID 输入为管网压力电信号,PID 输出为变频器频率。这样就可以根据 PID 给定值与输入值之间的实际偏差控制调节变频器的输出频率,达到管网压力恒定的目的。当变频器 PID 调节达到极限,将输出"管网压力偏低""管网压力偏高"信号给 PLC,从而执行相应的加减泵程序,以工频方式投入备用泵或切除别的正在工频运行的供水泵。应通过变频器数字面板正确地设置、调整变频器的各项关键参数,让变频器内部保护机制也能正常启动,方能保证变频器正常、安全工作。

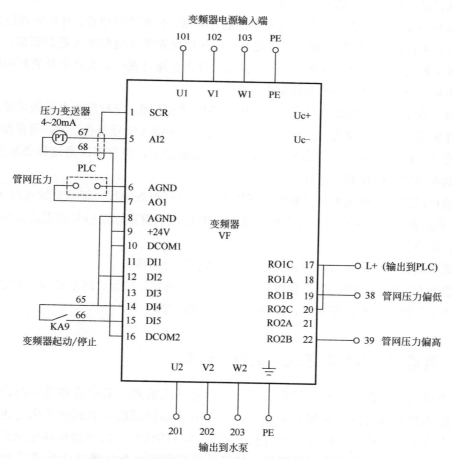

图 4-6 某管道直饮水控制系统变频恒压电气原理图

4.2.4 管道直饮水控制系统的编程与调试

根据管道直饮水的水处理工艺流程，编制 PLC 的控制程序和触摸屏的组态程序。

PLC 程序主要包括产水顺序控制、供水恒压控制与水泵轮换工作控制、砂滤器与炭滤器冲洗控制、水箱进出水液位检测与联动控制、本地/远程自动/手动控制、模拟信号数据转换、故障检测与处理程序，以及远程监控对接通信程序。

触摸屏上动画显示的工艺流程应根据水处理工艺绘制。对动画显示的各个设备元件、操作指令元件、显示数据元件所对应的变量，应定义其与 PLC 的数据连接关系。触摸屏组态应美观、整齐，页面分区明确，数据显示正确、突出。触摸屏组态完成后可以先离线模拟运行测试。

完成 PLC 和触摸屏的编程后，可模拟直饮水站的各种工作情况，包括报警及故障的情况，用拨码开关给出高低电平信号或利用 PLC 的信号强制功能给出虚拟输入信号，观察 PLC 和触摸屏的数据，测试控制对象状态及各种中间数据状态是否正常，重复测试—修改—测试的过程直到完成初步调试。

控制柜安装接线完成后应在首次通电前进行外观、紧固性的检查，并检查接线的正确性，是否有错接漏接、短路断路。首次通电时应先用电表测量电源电压是否正常；合闸时先断开各分路开关，仅合上总开关；稍后再逐一合上分路开关；每次合上开关都应进行观察，判断柜内声光信号和各元器件是否正常。

管道直饮水站设备安装接线完毕后，进入联机调试阶段，应对直饮水系统可能出现的各种工作情况和报警故障情况进行反复测试，观察各种输入信号是否正常，所有设备是否按预定程序工作。应尽量周全地考虑所有可能出现的情况，进行多次测试和必要的修改，确保控制程序的正确性和严密性。

在远程监控上位机端也应对新增的直饮水站点进行组态编程。根据直饮水站 PLC 和 DTU 的通信端口制作或采购合适的通信电缆。DTU 应放置在移动信号较强的方位，以利于通信正常进行。

完成控制系统的调试后，管道直饮水站进入试运行阶段。

在直饮水站试运行中，除了观察各控制设备、传感器、产水、回水是否正常之外，还应巡视供水管网是否存在死水区，检查管网末端水质等。

4.2.5 管道直饮水控制系统的故障自诊断

许多电气自动控制系统中经常会发生一些意外或故障，其中有些是转瞬即逝的，这为故障的分析和排除带来很大的困难。即使故障原因或影响能延续下来，也容易受到现场人为干预的破坏。因此，如何利用 PLC 本身的优势，自动捕捉和记录故障的原因和现象，成为一个至关重要的问题。益民公司开发了一个故障自诊断通用 PLC 子程序 IMP_record，类似于航空飞机的"黑匣子"。只要在正常的 PLC 控制程序中加入这一子程序，就能将过去发生的故障信息保存下来，为故障分析、排除和预防提供有效的帮助。

预先给每一故障或事件编好数字代码，在"黑匣子"程序中通过特定信号和标志位触发记录下来，可区分多达 256 种信息，包括砂滤器与炭滤器自动冲洗事件、供水泵或其他泵过载故障、变频器故障等需要记录的各种信息，同时记录故障或事件发生的时间。"黑匣子"程序必须要初始化及进行断电记忆的设置才能正常使用，它提高了 PLC 控制系统的故障自诊断能力。

4.3

直饮水智慧水务

随着网络通信技术的飞速发展和社会对信息和数据共享要求的提高，以及用户对水质状况的日益关注，利用先进的自动化监控和在线检测技术，以及物联网、云数据、移动网络等技术，实现管道直饮水的智慧化管理和人工智能，在操作、巡检、故障处理、水质监测、应急预案等方面全自动进行，最大限度地取代人工劳力和人为介入，轻松实现水质异常预警、设备故障自诊断，在多种平台、终端上实现数据共享，正在成为管道直饮水的发展趋势。

4.3.1　直饮水系统远程控制系统的发展历程

在不断完善管道直饮水系统本地控制的基础上，充分利用电信技术、计算机技术和现代网络技术，开发和应用管道直饮水系统远程控制技术，提高管道直饮水系统控制、运行管理的自动化水平，可大幅提高管道直饮水系统的运营维护效率，节约成本，提高供水水质保证率，这是直饮水系统发展的必然趋势。

管道直饮水系统控制技术在实践中不断发展，早在 21 世纪初期，管道直饮水系统远程控制大多采用电话拨号式远程监控系统；2010 年以后，出现了基于无线通信手段的GPRS 无线通信式远程监控系统；目前，正在大力发展和应用网络技术的光纤/宽带网络智慧水务系统。

4.3.1.1　电话拨号式远程监控系统

早期远程监控系统是基于中国电信的电话网络，通过调制解调器（MODEM）用电话拨号的有线方式来实现，其原理如图 4-7 所示。

这种远程监控系统存在下列不足：

① 通信的可靠性差，容易掉线。实际使用中在远程监控的同时如果有电话打进监控线路会造成信号冲突，导致经常掉线或软件自动退出。

② 只能进行单通道监控，使用不方便，耗时长。每次只能对一个水站进行拨号，

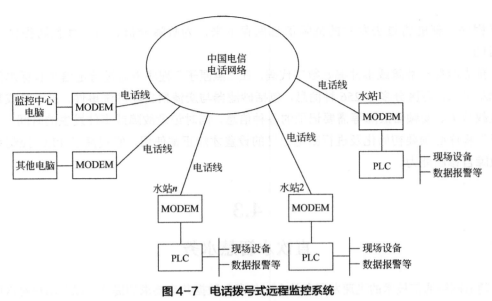

图4-7　电话拨号式远程监控系统

同一时间只能监控一个水站。如果想监控第二个水站，必须先挂断第一个水站的电话后，再重新拨打第二个水站的号码并进行连接，等待连接成功才可能继续监控第二个水站。

③ 短时监控，通信成本高。因为是通过电话拨号的方式进行监控的，在监控的同时会收取通话费，监控时间越长费用就越多。因此实际应用中平时不打开监控系统，只在需要监控时才打开系统进行拨号，不能做到全天24h长期连续监控。

④ 通信设备已淘汰停产，难以维护和新增监控水站点。MODEM是20世纪末互联网处在拨号上网时代的产品，现在已经被淘汰停产，它的损坏维修和更换非常困难。同样，增加要监控的水站时也难以购买到新的MODEM。

4.3.1.2　GPRS无线通信式远程监控系统

通用分组无线服务（GPRS）将无线通信与因特网（Internet）紧密结合，利用网络技术同时对多个管道直饮水系统进行远程监控，弥补了电话拨号式远程监控系统的不足，并且在功能上进行了拓展和提升，例如新增了手机短信报警、历史数据保存、应急处置指令及效果反馈等功能。

广东益民环保科技股份有限公司在广州市多个管道直饮水系统采用的GPRS无线通信式远程监控系统如图4-8所示。

这种通信方式的远程监控系统更加适应小区管道直饮水站的实际情况。因为住宅小区管道直饮水机房的地理位置一般处于楼宇的地下一层，宽带网络服务往往没有预留资源，不能拉网线装宽带，所以GPRS方式避免了这个难题。但是GPRS无线通信式远程监控系统仍然存在着一些缺点，如有些位置GPRS移动通信信号较弱，会影响到通信的可靠性和实时性。GPRS方式也无法传输大量的数据，特别是视频信号数据。在大数据时代更需要基于光纤/宽带网络的通信方式。

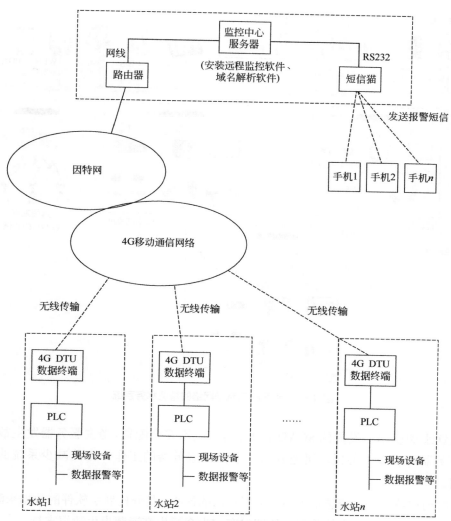

图 4-8 GPRS 无线通信式远程监控系统

4.3.1.3 基于光纤/宽带网络的智慧水务系统

随着工业物联网的发展，这种基于光纤/宽带网络的智慧水务系统才可以满足各种功能和海量信息的要求，并成为以后的发展趋势。该系统的组成及结构如图 4-9 所示。

直饮水监控站点不仅可通过光纤/宽带网络接入系统，对于一些地处偏僻无宽带的站点，也可通过 GPRS/CDMA 方式接入，适应性较强。

直饮水监控站点可根据需要增加数据采集与监视控制（SCADA）服务器、SCADA 工程师/操作员站。可集成视频监控系统，摄像枪、球机等监控终端可通过硬盘录像机接入智慧水务系统，视频可保存在硬盘录像机上，可实时监控和历史查询。可设置视频闯入报警，实时检测出监控区域内发生的人员闯入、物品被盗等画面异常状况，并迅速自动警示、追踪录像与抓拍关键图像。采集网关负责数据采集、转发和处理，方便实现工业物联网的数据集中与传输。

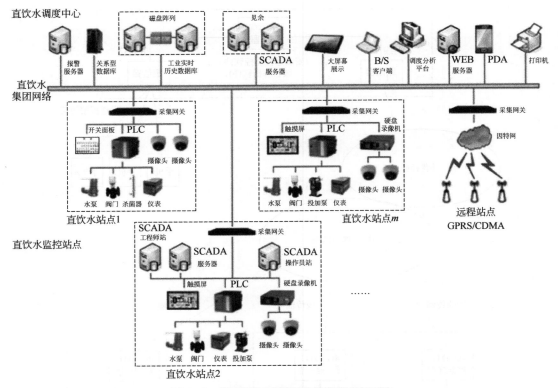

图 4-9　基于光纤/宽带网络的智慧水务系统

直饮水调度中心设置的 SCADA 服务器可采用冗余配置,当主服务器发生故障时,冗余服务器可以作为备援,迅速介入并承担主服务器的工作, 由此减少系统的故障等待时间。

实时历史数据库是智慧水务系统数据存储的核心,是分析展示软件的数据来源,它可以实时记录各个监控站点的数据, 长期保存,为今后生产运营提供数据支持。

WEB 服务器使得网络和移动智能端在线浏览成为可能。B/S 客户端只需要一台能上网的电脑,单位领导、技术人员、操作管理人员及用户等就可通过网页浏览器访问服务器,进行相应权限内的实时监控及查询、管理等操作,不需安装专业软件。还可通过 PDA(工业机掌上电脑、平板电脑、智能手机等)进行监控及查询、报警确认等。水质异常或设备报警时,可向维护人员手机上发送报警短信。

直饮水调度中心可通过多种形式(报表、饼图、柱状图等)进行数据的统计、分析、处理,对各个监控站点完成设备管理、工艺分析、成本分析、绩效分析等综合管理,如图4-9 所示。

4.3.2　直饮水智慧水务的应用前景

"智慧水务"通过自动采集安装于系统各处的在线水质监测仪、压力表、液位计等仪器仪表的数据，实时掌控生产过程中直饮水设备和供回水管网各子系统的运行状态及水质状况，确保生产的安全稳定运行。

"智慧水务"使直饮水站的生产管理从简单的本地控制转向规范化、集约化的全系统集中管理，极大增强了直饮水水务系统的预警能力和应急处理能力。在对多个直饮水站分散自动控制的基础上，通过无线/有线网络将生产过程数据传输至上层智慧水务管理平台，并以可视化的方式呈现出来，加以精细、动态的集中管理。

"智慧水务"内容可涵盖生产、管理和服务各个环节，在水务管控与调度、安全生产与环境保护、能源管理与优化等方面进行技术创新，有效提升了集团水务管理水平，形成集团水务物联网，实现信息资源多渠道共享。通过将海量水务信息自动进行及时有效的分析与处理，对水质污染事件自动预警，对设备故障事件发出警报及自诊断，并启动应急预案减轻或消除不利影响，辅助实施相关的生产调度和事后防范。有功能强大的数据实时报表和历史报表功能，图表分析结论有助于管理层和领导层提出生产调整建议、优化改进和制定更佳决策。普通居民用户可通过手机或电脑查询直饮水水质实时监测数据等，公共供水服务更加完善、透明。因此，智慧水务有非常广阔的发展前景。

4.3.3 直饮水智慧水务的实现目标

（1）生产设备运行状态和工艺流程可视化

根据工艺流程图组态运行直饮水站触摸屏、上位机远程监控的主监控界面，动画显示的方式简便直观。

（2）生产系统实时控制与在线调节

可远程切换自动、手动状态，对各个设备单独启停，实时控制。可进行生产系统的在线调节，如可根据回流水质电导率自动调节回流到中间水箱或成品水箱；可根据水质余氯含量自动调节加药量或调节过滤器流速；可根据过滤器前后压力差，控制过滤器自动冲洗；可根据出水电导率，自动调节浓水回流比，控制浓水回流或排放等。

（3）水质在线实时监测与保存，水质异常自动报警

对水质指标如电导率、COD、余氯、pH 值、浊度、总硬度、温度等进行在线实时监测，并自动保存数据。数据可保存一年以上。当监测水质指标持续超过预警限值时，自动预警，最大程度保障了用水的安全性。

（4）设备故障自动报警

当发生水泵过载、设备漏水或其他故障报警事件时，及时发出报警信号。如过滤器电磁阀损坏、无法执行打开指令，系统会智能地进行判断，并发出过滤器运行超时报警。如果膜性能下降，造成产水系统运行超时，系统也相应报警。

（5）视频集成可视，视频闯入报警

在设备机房可以安装视频监控摄像头，当设备间发生异常，如被无关人员闯入时，自

动报警提醒管理人员注意。还可通过系统管理上位机、移动终端、联网电脑等进行视频监控，更强有力地保证了设备安全和人身安全。

（6）语音、短信报警等多种报警方式

软件平台上自动弹出报警窗口并播报报警语音。同时向管理人员手机上自动发送报警信息，或拨打预设的报警电话号码。

（7）故障自诊断、系统自动应急调度与冗余切换，确保供水安全

系统有一定的冗余功能，在故障时能够自动切换与调度。如水泵机组中发生某台水泵过载时，可自动切换到备用泵。SCADA 服务器故障时，冗余服务器自动投入。

系统有自诊断功能，如出水电导率持续超过限值时，系统会提示纳滤膜可能发生破损需更换。

（8）事件、故障记录与打印功能

发生故障报警等事件时，系统自动记录并保存，可保存一年以上。系统可设置打印机，对事件和故障信息进行打印。

（9）数据实时查询与历史查询，图表多样化

可以对需要保存的重要运行数据进行保存与查询，可保存一年以上。数据查询的方式多种多样，如表格、曲线、柱状图、饼状图等，根据需要进行选择。

（10）趋势分析功能

趋势分析的功能有助于观察数据的长期变化规律，如通过持续监测水质指标的变化，分析雨季旱季天气因素对水质指标造成的影响，从而提前采取措施防止不利情况的出现。

（11）优化调节、节能降耗，实现设备经济运行与调度

如可根据供水的流量、压力目标，确定泵站的开机台数、开机组合，对机组进行优化控制，找出能耗制高点，确定最优运行工况。

又如可分析水质数据，计算合理的用药比例，智能控制加药装置，做到既不多加药也不少加药，以严格把控水质及节约成本。

（12）操作权限分组安全管理

对不同人员设置不同的分组，定义不同的权限级别和密码保护。如车间操作工只能操作、启停设备；管理员可更改设置参数、工艺指标；调度员可调配设备、生产力资源；而高层领导主要是浏览信息化平台，对生产安全、设备养护、绩效考核等全面总管。

（13）网络和移动智能端在线浏览信息

采用 B/S 客户端机制，可通过接入 Internet 网络的电脑，以及平板、手机、掌上终端等便携式移动设备在线浏览所需的信息。

（14）构建信息化数据平台

可构建功能强大的信息化数据平台，实现数据的管理和共享。如对设备养护、备件库存、资产变动等进行追踪管理并提供完善的报表；对用户信息、用水量、水费缴交信息的管理与查询等。

4.3.4　应用实例

本节以广东益民环保科技股份有限公司在广州市多个管道直饮水系统应用远程监控系统的实践为实例，阐述管道直饮水系统控制方法。

广东益民环保科技股份有限公司通过应用实践，不断提高直饮水电气控制技术，成功运用 4G 移动通信技术，构建了智慧水务平台——直饮水站远程监控中心，对多个分散的直饮水站同时进行统一、集中、实时、有效的远程监控。

该平台通过工艺流程图，采用动画显示的直观方式，对直饮水系统实时监控，采集关键数据并自动保存。若出现水质超标、设备故障等异常状况，该平台能自动报警、记录并发送报警短信到管理人员手机，并可进行异常、故障自诊断及自动切换应急预案。该平台主控界面如图 4-10 所示。

图 4-10　直饮水站远程监控系统平台主界面

4.3.4.1　远程监控中心工作原理

远程监控中心服务器安装运行远程监控软件，通过"花生壳"动态域名解析和端口映射，经路由器接入 Internet，建立起远程数据通信链路，同时对各个直饮水站进行远程监控。

中心服务器通过 RS232 端口与内置 SIM 卡的短信猫相连接，预设好维修管理人员手机号码，实现直饮水站发生故障时自动发送报警短信到手机上。

4.3.4.2　各直饮水站监控工作原理

各直饮水站的主控制器 PLC 负责采集现场设备和运行数据等信息，将采集的数据上传监控中心，并进行现场自动控制。

各水站需配置一个 4G 无线透明传输数据终端（DTU），内置 GPRS-cmnet 上网 SIM 卡，预设好域名指向、通信速率等通信参数。水站的 PLC 通过串口和 MODBUS 协议经由 DTU 和 Internet、移动通信网络上传数据或接收远程下发的指令。

水站还可配置触摸屏、SCADA 服务器、工程师站等，以及视频监控摄像头。

远程监控界面为六宫格形式，每一格对应一个直饮水站点，如图 4-10 所示。用鼠标点击远程监控界面某个水站图标，则进入相应直饮水站点的监控界面，如图 4-11 所示。

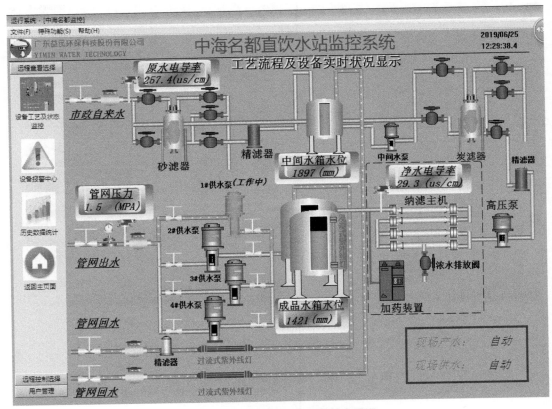

图 4-11　某直饮水站远程监控主界面

在水站远程监控主界面，可进行报警信息、历史数据信息等的查询，如图 4-12～图 4-16 所示。

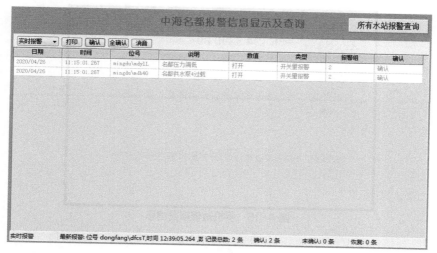

图 4-12　报警信息

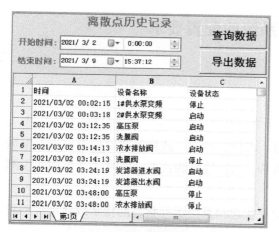

图 4-13　开关量数据查询

图 4-14　模拟量数据查询

序号	日期时间	中间水箱液位	成品水箱液位	原水电导率	净水电导率	管网压力	供水泵1变频	供水泵2变频	供水泵3变频	高压泵
1	2021/03/01 15:31:17	1530	743	266.9	14.4	0.97	1	0	0	0
2	2021/03/01 16:31:17	1530	743	266.9	14.8	0.97	1	0	0	0
3	2021/03/01 17:31:17	1530	643	262.5	13.8	0.97	1	0	0	0
4	2021/03/01 18:31:17	1401	643	264.4	16.3	0.97	1	0	0	0
5	2021/03/01 19:31:17	1625	1060	264.4	14.0	0.97	1	0	0	1
6	2021/03/01 20:31:17	1625	1060	298.1	12.4	0.97	1	0	0	0
7	2021/03/01 21:31:17	1625	1060	298.1	14.5	0.97	1	0	0	0
8	2021/03/01 22:31:17	1625	960	313.8	19.7	0.97	1	0	0	0
9	2021/03/01 23:31:17	1625	960					0	0	0
10	2021/03/02 00:31:17	1640	960					0	0	0
11	2021/03/02 01:31:17	1640	960					1	0	0
12	2021/03/02 02:31:17	1640	960					1	0	0
13	2021/03/02 03:31:17	1640	960					1	0	0
14	2021/03/02 04:31:17	1640	960					1	0	0
15	2021/03/02 05:31:17	1640	960					1	0	0
16	2021/03/02 06:31:17	1640	960					1	0	0
17	2021/03/02 07:31:17	1640	960					1	0	0

时间参数设置

起始时间　2021/ 3/ 1　15:31:17

时间长度　8　日

时间间隔　1　日

确定　取消

图 4-15　定时保存数据查询

图 4-16　手机短信报警信息

4.4

管道直饮水控制系统的配置要求

4.4.1　净水处理控制系统配置

4.4.1.1　控制系统配置

①　净水处理系统应安装有电导率、水量、水压、水位、流量等实时检测仪表；根据净水工艺流程的特点，宜配置 pH 值、余消毒剂、水温等检测仪表，同时宜设有 SDI 仪测量口和 SDI 仪。

②　净水机房监控系统中应设有各设备运行状态和系统运行状态的指示或显示，并按照工艺要求根据设定的程序自动运行。

③　监控系统能显示各运行参数，并设置水质实时监测网络分析系统。

④　净水机房电控系统中应有对缺水、超压、过流、过热、不合格水排放等问题的保护功能，并根据反馈信号进行相应控制、协调系统的运行。

⑤　净水处理设备的启、停应由水箱中的水位自动控制。

4.4.1.2　净水设备控制要求

①　原水箱设有进水电动控制阀和水位控制装置。低水位进水电动控制阀开启，高水位进水电动控制阀关闭；超低水位原水泵、臭氧发生器和高压泵停止工作并报警。

②　中间水箱设有水位控制装置。低水位顺序控制原水泵、臭氧发生器启动和运行，高水位顺序控制原水泵、臭氧发生器停止工作；超低水位高压泵停止工作并报警。

③　净水箱设有水位控制装置。低水位顺序控制高压泵启动、运行，变频供水泵停止工作；中间水位变频供水泵启动；高水位高压泵停止工作；超低水位变频水泵停止工作并报警等。

④ 变频供水泵出水总管上设置远传压力表，根据设定的管网供水压力，通过变频器调节水泵转速。

⑤ 循环水泵的启、停由定时自动控制器按照设定的启动时间和运行时间自动控制。

4.4.2 机械过滤器控制配置

4.4.2.1 机械过滤器配置

机械过滤器进、出水管上设有远传压力表，进、出水管和反冲洗进、出水管上设有电动控制阀；根据设定的压力差值控制设备的过滤与反冲洗的自动切换，以及反冲洗水泵的启停。

4.4.2.2 锰砂过滤器配置

锰砂过滤器进、出水管上设有远传压力表，进、出水管和反冲洗进、出水管上设有电动控制阀；根据设定的压力差值控制设备的过滤与反冲洗的自动切换，以及反冲洗水泵的启停。

4.4.2.3 活性炭过滤器配置

活性炭过滤器进、出水管上设有远传压力表，进、出水管和反冲洗进、出水管上设有电动控制阀；根据设定的压力差值控制设备的过滤与反冲洗的自动切换，以及反冲洗水泵的启停。

4.4.3 膜系统及消毒装置控制配置

膜过滤为管道直饮水净水工艺的核心处理单元，在其进出水管和浓水管上应设有控制阀、压力表、流量计，检测和控制该单元的运行和清洗。

紫外线消毒装置设有监测装置，根据对紫外灯镇流器的监测，判断装置的运行情况，故障时报警。其他消毒装置（例如臭氧、二氧化氯和氯）、消毒剂的投加及消毒工艺各设备、自动调节阀和自动开关阀的全部动作和状态，均自动切换、检测和报警。

4.4.4 精密过滤器控制配置

精密过滤器进、出水管上设有远传压力表，进、出水管和反冲洗进、出水管上设有电动控制阀；根据设定的压力差值控制设备的过滤与反冲洗的自动切换，以及反冲洗水泵的启停。这些设备设有备用，当工作设备故障，在报警的同时应自动切换备用设备工作；当工作设备反冲洗时，应自动切换备用设备工作。

当建筑设置建筑设备自动化系统时，管道直饮水系统应纳入自动控制范围。

4.5

管道直饮水控制系统的操作程序

以广东益民环保科技股份有限公司在广州市多个管道直饮水系统的远程监控系统为实例，阐述管道直饮水控制系统的操作程序。

直饮水控制系统的人机操作界面为 MCGS 触摸屏，主要输出设备有炭滤泵、炭滤器（五个电磁阀）、纳滤泵、成品水箱、供水泵（一台）、浓水排放阀等。控制柜面板设有电源指示灯、红色急停旋钮开关以及 MCSG 触摸屏。

4.5.1 管道直饮水控制系统急停操作

按下控制面板上的红色启动急停开关 STOP，则系统进入停机状态，所有设备都会停止输出，来自触摸屏、上位机的所有开关操作指令都不起作用。此时仍然可以进行信号采集和在线监测、查询。

将急停开关顺时针方向旋转恢复后，系统进入开机状态，输出设备才可以运行。

4.5.2 管道直饮水控制系统运行操作

4.5.2.1 主监控画面

主监控画面为设备的水处理工艺流程图，如图 4-17 所示。电气设备上的小方块为绿色表示设备运行开启，为红色表示设备停止/关断。另外，画面上有蓝色的水管水流指示，水箱中有蓝色的液位指示。画面左上角显示设备处于自动或手动状态及已登录的用户名。

4.5.2.2 实时运行数据

在实时运行数据画面（图 4-18）中除了可以观察到设备的运行情况，还可以观察水表、压力、水箱液位、电导率的数值。

4.5.2.3 实时报警信息

在实时报警信息画面（图 4-19）中可浏览报警发生和恢复的时间、内容。当报警发生时触摸屏会自动切换到实时报警信息画面，提示有报警发生。

4.5.2.4 运行历史查询

发生报警时，报警时间和内容以及当时的设备压力、水箱液位、纯水电导率值等信息都会保存下来。在运行历史查询画面（图 4-20）中可以对已发生报警的相关信息进行查询。画面中的"保存"按钮用于保存现在的信息，"刷新"按钮用于刷新屏幕信息，"设置"按钮用于设置查询的时间条件。

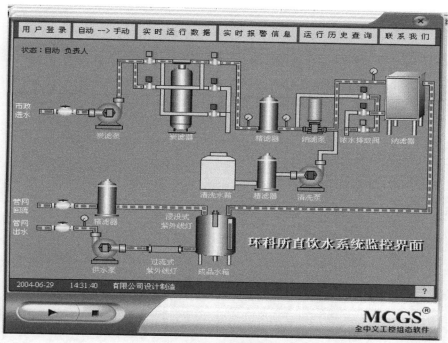

图 4-17　主监控画面

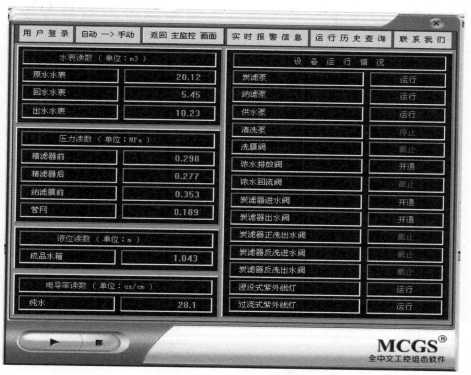

图 4-18　实时运行数据显示

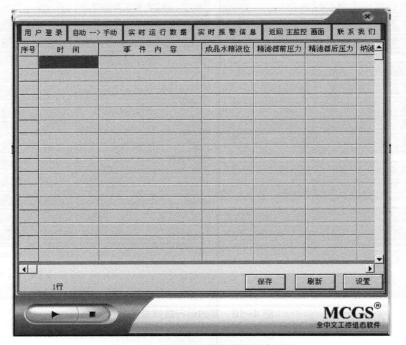

图 4-19　实时报警信息显示

图 4-20　运行历史数据查询信息显示

4.5.2.5 用户登录

仅在经授权的用户进行登录后，才能使设备在自动/手动运行状态之间切换。

4.5.2.6 自动/手动运行状态切换

在自动状态下，点击屏幕上方的"自动→手动"按钮，设备进入手动状态，所有设备停止运行，等待手动操作；在手动状态下，点击屏幕上方的"手动→自动"按钮，设备重新进入自动运行状态。

主监控画面（图 4-17）的左上角显示设备当前的自动/手动状态。

4.5.2.7 手动操作

仅在设备进入手动状态后，才能通过触摸屏对特定的设备进行开/关操作。直接双击电气设备上红色或绿色的小方块，可以开启或关停设备。

4.5.2.8 设备名称提示

点击主监控画面右下角的"？"，会看到设备名称的提示，反白显示；再次点击则提示消失，如图 4-21 所示。

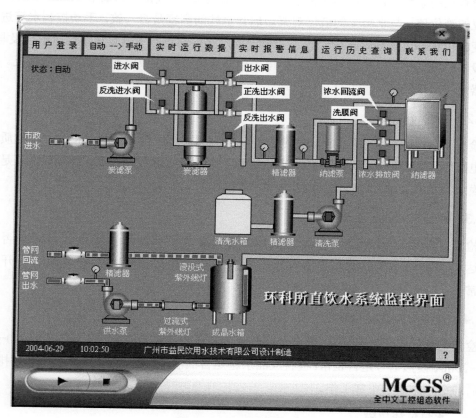

图 4-21　设备名称显示

4.6

管道直饮水控制系统的维护

4.6.1 管道直饮水控制系统的故障与诊断

管道直饮水控制系统核心控制器的选型充分考虑了工业控制的抗干扰、抗振动和高可靠性、低故障率的要求。严密的控制逻辑和完善的保护措施，再加上远程监控技术的应用，使整个电气监控系统具有极强的故障监测处理与自诊断能力，为维护人员迅速、及时地排除故障提供了有效的帮助。

故障监测与诊断主要通过触摸屏画面的报警信息及设备状态数据、PLC 的 I/O 指示灯、控制柜内元器件的状态并结合设备的实际运行情况来进行。

4.6.1.1 液位检测故障

检查控制系统的液位指示［指示灯、低/中低/中高/高液位、以毫米（mm）或米（m）为单位的液位值］与水箱上的液位观察玻璃管水柱的高度是否一致，手动控制水箱进、出水改变液位状态继续观察是否一致，如果一致则在自动状态下重复观察此一致性及与进、出水设备的联动控制是否正常。用万用电表检查液位开关或液位变送器的信号情况。判断变送器是否出现故障。

4.6.1.2 电磁阀故障

检查 PLC 上相应的输出指示灯是否亮，电磁阀前后压力显示是否正常，用铁质物件接触电磁阀线圈上的紧固螺丝判断是否有磁性，由此分析是线路故障、线圈故障还是阀内部的膜片穿孔或其他原因，必要时拆开阀体观察。

4.6.1.3 保安过滤器滤芯故障

检查主机启动时制水主机高压泵前压力是否足够，制水主机高压泵前是否有水流到达，保安过滤器的滤芯是否堵塞，制水主机高压泵前压力变送器或压力开关是否正常。

4.6.1.4 管网恒压控制故障

检查变频器工作是否正常，供水及回水水表和压力表是否正常，压力变送器的 0～10V 或 4～20mA 模拟信号是否正常；检查成品水箱是否低液位；检查供水水泵是否需要排气，水泵后的逆止阀是否正常工作。

4.6.1.5 水泵过载故障

检查热过载继电器的过载指示钮、PLC 过载信号输入点指示灯、水泵的温升情况。

4.6.1.6 膜故障

检查主机启动时膜前的压力是否太高，膜是否污染堵塞，膜前压力变送器是否工作正常。

4.6.1.7 控制器扩展模块故障

检查 PLC 扩展模块是否故障，扩展电缆是否松动。

4.6.1.8 变频器故障

检查变频器电源、输出继电器的信号、液晶显示器显示的故障代码。

4.6.1.9 其他电气故障

包括导线短路、断路、漏电故障，通信传输单元故障，自动空气开关、接触器或继电器等控制元件故障，显示仪表故障，直流电源故障等。在管道直饮水系统的实际运行中，比较常见的故障是电磁阀故障、液位检测故障、保安过滤器滤芯故障。而 PLC 控制器故障、变频器故障比较少发生。

故障的现象不能全部在此罗列，故障的分析和排除需要结合管道直饮水的运行工艺流程、电气控制的原理及设备的工作原理多方面综合进行考虑。有时候表现出来的电气故障实际并不是电气元件真正故障造成的，而是水泵或电磁阀阀体等设备的机械部分造成的，应从错综复杂的现象中分析找到本质。

4.6.2 管道直饮水控制系统的维护与保养

管道直饮水控制系统基本上是免维护的，只需要对以下设备定期进行检查和清洁：
① 控制柜、变频器的散热风扇及滤网清洁；
② 上位机、客户端服务器的散热风扇及滤网清洁；
③ 电气连接端子、接线柱等紧固螺丝的检查与紧固；
④ 控制柜内电气元器件的灰尘清理。

参考
文献

[1] 中华人民共和国住房和城乡建设部. 建筑与小区管道直饮水系统技术规程 CJJ/T 110—2017 [S].

[2] 《管道直饮水系统技术规程》编制组. 管道直饮水系统技术规程实施指南[M]. 北京：中国建筑工业出版社, 2006.

第 **5** 章

管道直饮水系统的运行维护和管理

本章着重介绍管道直饮水系统运行维护和管理的一般规定，管网及设施维护，水质监测与管理。

5.1

管道直饮水系统运行维护和管理的一般规定

5.1.1 净水站运行维护及管理规定

首先，净水站应制定管理制度，包括企业管理规章制度、安全生产操作规程以及岗位职责，其中岗位职责包括生产运行、水质检测、抄表收费等岗位的岗位职责。操作规程应包括操作要求、操作程序、故障处理、安全生产和日常保养维护要求等。

其次，所有员工均须接受企业规章制度、安全生产、生产管理基本知识的基础教育，生产管理及化验人员均应有卫生防疫部门颁发的"健康证"，化验人员应经专业技术培训，持证上岗，工作时应着工作装。

5.1.2 运行维护及管理人员规定

运行管理人员应熟悉直饮水系统的水处理工艺和所有设施、设备的技术指标和运行要求，熟悉生产运行与应急处置的有关操作规程，按操作规程操作并做好生产运行应用运行记录，包括交接班记录、设备运行记录、设备维护保养记录、管网维护维修记录和用户维修服务记录以及故障及其处置记录，出具规范的服务报表和收费报表（包括月报表和年报表）。

化验人员应了解直饮水系统的水处理工艺，熟悉水质指标要求和水质化验方法，经过了相关专业技术培训，拥有水质采样及检测分析资格证书，能够按照水质检测规程要求做好水质采样及检测分析工作，并做好应有的检测记录，包括日检记录、周检记录和年检记录等，出具规范的水质监测报表。

5.1.3 生产运行记录及报表规定

生产运行记录应对生产运行人员进行的各项操作（如对生产设备与设施的操作时间、操作内容、操作结果）、各项运行参数（如对设备的运行参数、在线仪表显示数据、水量、水压、回水量、消毒剂投加量等）、维护保养工作（如对生产设备、设施、管网的维护保养、管网定期排放、冲洗等）等内容进行记录。

生产运行参数记录是分析设备故障原因的关键原始记录；交接班记录是明确责任、提高运行员工责任心的重要手段；设备维护保养记录和管网维护维修记录可以详细地记录设备和管网的使用情况；用户维修服务记录可以更好地为用户服务提供有力的数据资料。操作运行人员应及时准确地填写各类记录，要求记录字迹清晰、内容完整，不得随意涂改、遗漏和编造。技术人员应定期检查原始记录的准确性和真实性，做好收集、整理、汇总和分析工作。

若出现运行故障，应对故障事故进行记录。它是分析查找设备故障原因的关键原始记录之一。为了对管道直饮水系统进行全面的管理，对故障事故进行记录备案是很有必要的。

生产运行应有生产报表，生产报表的主要数据是生产量和原材料消耗量，能反映单位时间内直饮水站的经济效益情况，水质监测报表是反映一段时间以来总的水质情况；服务报表能对一段时间以来的服务情况做一个总结，以便在以后的服务工作中继续有目的地提高服务水平；收费报表直接反映直饮水站的经济情况。

生产运行（供水量、水压、药耗、电耗等）、水质检测（各项指标的合格率、综合合格率等）、经营收费（售水量、产销差率、水费回收率等）应有月报表，报表应包括报表名称、报表内容、填表单位、填报时间、填报人员、负责人签名等内容。

5.1.4　水质检测及其记录规定

水质检测应有检测记录，主要内容宜包括日检记录、周检记录和年检记录等。水质检测的原始记录是水质分析的重要数据，要求对日检、周检、年检的水样来源、检测项目、检测方法、检测结果以及检测人员进行详尽记录。建筑与小区管道直饮水系统应进行日常供水水质检验。水质检验项目及频率应符合住房和城乡建设部颁布的《建筑与小区管道直饮水系统技术规程》（CJJ/T 110—2017）[1]的规定。

5.2

管道直饮水系统管网及设施维护

管网的安全运行是管道直饮水系统正常运行的重要保障。管网包括配水管网和循环管网，分室内管网和室外管网。

5.2.1　室外管网和设施维护

5.2.1.1　室外管网维护

应定期巡视室外埋地管网线路，管网沿线地面应无异常情况，应及时消除影响输水安全的因素。

要求维护人员经常巡视检查管路沿线地面情况。室外埋地管网由于多数采用不锈钢材质，正常情况下，如无人为破坏，管路应能正常工作，只要经常巡视检查管路沿线地面情况即可。如发现管路沿线有施工开挖等工程时，应及时提醒施工方注意保护管道直饮水管路。

当发生埋地管网爆管情况时，应迅速停止供水并关断所有楼栋供回水阀门，从室外管网泄水口将水排空，然后进行维修。维修完毕后，应对室外管道进行试压、冲洗和消毒，并在符合技术规程的相关规定后，方能继续供水。

由于室外埋地管道爆管，许多污染物质就会进入供水管道，危及供水安全，此时应立即关断各单体供、回水阀门，将管道内的水泄空后立即进行维修，维修完成后，应按照相应的操作规程对管网进行试压、冲洗和消毒，合格后方能继续供水。

5.2.1.2 设施维护

① 应定期检查阀门井，井盖不得缺失，阀门不得漏水，并应及时补充、更换。为了保证管道直饮水系统的正常运转、保障供水水质卫生，应经常对阀门井进行检查，包括井盖有无丢失，阀门有无漏水、生锈，以便及时补充、更换或做除锈处理。管网阀门漏水、生锈应及时检修、更换，以免影响到管网水质；阀门井盖出现破损、丢失应及时更换，以防止出现意外。

② 应定期检测平衡阀工况，出现变化应及时调整。为了维护管道直饮水系统的正常循环，确保安全供水，对系统的循环回水进行经常性的维护是很有必要的。管网中循环管道上安装的平衡阀，主要是用于当管网循环回流时，调节各节点回流量和压力的平衡，以确保管网中的水能充分回流，从而确保供水水质的安全性。所以，应定期检测平衡阀的工况，出现变化时对其设定参数及时进行调整。

③ 应定期分析供水情况，发现异常时及时检查管网及附件，并排除故障。在正常情况下，系统供水情况有一定的规律性，但如果发生异常情况，如爆管等，供水量就会在短时间内剧增而且不回落，此时应及时对室外管网进行检漏，并采取措施排除故障，确保安全供水。

5.2.2 室内管网维护

应定期检查室内管网，供水立管、上下环管不得有漏水或渗水现象，发现问题应及时处理。要求室内供、回水管网应能保证系统的正常运转，不渗不漏，因此对室内管网进行定期检查也是管道维护的一项重要内容。

应定期检查减压阀工作情况，记录压力参数，发现压力变化时应及时调整。减压阀的工作情况关系到用户家中水压和流量大小以及管网的承压情况，且减压阀内弹簧使用时间长后都会出现疲劳，出水压力出现变化，所以应经常记录压力参数并及时调整。应定期检查自动排气阀工作情况，出现问题应及时处理。

在管网检修排空再通水时，必然会有空气聚在管网最高处，如果自动排气阀出现故障，空气将会在顶层用户用水时由用户水嘴排出，由于直饮水相对自来水价格高，出现以上问题会引起用户不满，所以应经常检查排气阀工作情况。室内管道、阀门、水表和水嘴等，严禁遭受高温或污染，避免碰撞和坚硬物品的撞击。

管道直饮水系统中各组件应在正常的工况下工作，系统中的管道、阀门、水表等如遭受高温或受到污染，就不能保证管道中的水满足水质要求。因此，在系统维护中，各系统组件和管路应避免损坏和污染，确保供水水质卫生。

5.3
管道直饮水系统水质监测与管理

水质监测是保证安全供水的前提，与人们的身体健康密切相关。因此在管道直饮水的各个生产环节要严格把关，做好水质的取样与检测工作，才能将达标的水输送到供水管网，供人们直接饮用。

5.3.1 管道直饮水水质检验项目及频率

供水单位必须严格按照规定对供水进行日常水质检验。检验项目和频率是以能保证供水水质和供水安全为出发点，并综合考虑所需费用。

如果企业标准所设的检验项目和频率严于技术规程的规定，可按企业标准执行，但不应少于技术规程所规定检验项目及频率要求[2]，详见表 5-1。

表 5-1 水质检验项目及频率

检验频率	日检	周检	年检	备注
检验项目	浑浊度 pH 值 耗氧量（未用纳滤、反渗透） 余氯 臭氧（适用于臭氧消毒） 二氧化氯（适用于二氧化氯消毒）	细菌总数 总大肠菌群 粪大肠菌群 耗氧量（采用纳滤、反渗透）	现行行业标准《饮用净水水质标准》（CJ 94）全部项目	必要时另增加检验项目

当有下列情况之一，供水单位必须按照国家现行标准《饮用净水水质标准》（CJ 94—2005）的全部项目进行检测：

① 新建、改建、扩建管道直饮水工程；
② 原水水质发生变化；
③ 改变水处理工艺；
④ 停产 30d 后重新恢复生产。

5.3.2 水样采集点设置及数量

水样采集点设置及数量应符合下列规定[1,3]：

　　① 日检、周检验项目的水样采样点应设置在建筑与小区管道直饮水供水系统原水入口处、处理后的产品水总出水点、用户点和净水房内的循环回水点。

　　② 系统总水嘴数不大于 500 个时应设 2 个采样点；500 ～ 2000 个时，每 500 个应增加 1 个采样点；大于 2000 个时，每增加 1000 户增加 1 个采样点。

　　③ 年检验样品应在原水和管道最远端取样。

5.3.3　水质在线监测的维护管理

　　部分供水单位对直饮水的水质监测主要采用非在线监测方法，即每日或每周取水样送实验室检测或采用快速便携仪器进行现场检测。该方法在实际应用中存在较大问题，受限于人力、监测频次、检测手段等因素，所得的监测数据往往不及时且不连续，导致无法对饮用水污染事件做出及时快速反应。水质在线监测方法利用现代传感技术、自动控制技术以及人工智能等多种先进技术，组成一个从取样、预处理、分析到数据处理及存储的完整系统[4]，不仅实现了对直饮水水质的在线自动监测，还有效弥补了传统非在线监测方法的不足。虽然技术规程对于实施水质在线监测没有强制性要求，但还是建议在日常检查中使用在线监测设备，实时监控水质变化，以便对水质的突然变化做出预警。

5.3.3.1　水质在线监测设备的选择原则

　　水质在线监测设备的选择可参考以下原则[5]：

　　① 准确性。宜选择与现行国家标准规定的检验方法原理一致的产品，并定期与标准方法进行比对试验，保证数据准确可信。

　　② 适应性。设备体积应尽可能小，占地面积少，环境适用条件范围宽，便于日常管理。

　　③ 实用性。尽量选择产出投入比高、实用性强的设备，其监测数据应能联网上传，且其监测结果能与卫生监督系统及执法记录仪衔接，以便应用于日常监督、大型活动保障与突发事件应急处置等多种场所。

　　④ 稳定性。设备应保证长期工作稳定，使用寿命长。应考虑自动清洗功能，以减少日常运维工作量，降低仪器故障维护成本。

5.3.3.2　水质在线监测设备的维护管理

　　水质在线监测设备的维护管理也是极其重要的。在线分析仪使用过程中产生的结晶或浑浊、带色等物质会出现在反应池和泵管等检测元器件上，如果日常维护管理工作不到位、清洗不彻底会使废水样品的实际体积出现误差，使反应的混合试剂色度加深，同时还会影响试剂的化学性质，最终导致仪器产生不准确的测量结果。如 pH 值在线仪器的玻璃电极表面很容易附着污染物，电极在表面清洗不彻底时，测定的数据极易产生较大误差[6]。此外，水质在线监测仪器设备的使用年限一般为 8 年[7]。相关研究证实在线监测系统运行接近 8 年使用年限时，pH 值、氨氮和高锰酸盐指数监测数据均与实验室数据有偏差[8]。在线监测是一项专业技术性强、管理复杂的工作，但它表现出来的优越性是管道直饮水水质监测应用的必然趋势。因此，水质在线监测设备的维护管理可参考以下建议：

① 应定期清洗仪器探头等部件，防止污染物附着影响数据准确性；

② 加强仪器日常运行维护校准工作，并设专职人员对在线监测设备及监测数据定期审核检查；

③ 适时淘汰更新老旧仪器，确保在运行的在线仪器使用状态最佳；

④ 定期进行在线仪器监测数据与实验室人工分析数据比对，以保证监测结果的可靠性和符合性。

[1] 中华人民共和国住房和城乡建设部. 建筑与小区管道直饮水系统技术规程 CJJ/T 110—2017 [S].

[2] 《管道直饮水系统技术规程》编制组. 管道直饮水系统技术规程实施指南[M]. 北京: 中国建筑工业出版社, 2006.

[3] 中华人民共和国卫生部. 公共场所、化妆品、饮用水卫生监督[M]. 北京: 法律出版社, 2007.

[4] 孙海林, 李巨峰, 朱媛媛. 我国水质在线监测系统的发展与展望[J]. 中国环保产业, 2009(3): 12-16.

[5] 李凤艺, 徐凤, 林晶, 等. 福建省饮用水水质在线监测设计探讨[J]. 中国卫生监督杂志, 2019(2): 151-157.

[6] 赵利娜. 苏州河干流水质自动监测系统数据的可靠性分析[J]. 中国环境监测, 2015, 31 (5): 152-155.

[7] 国家环保总局. 国家地表水自动监测站运行管理办法[M]. 北京: 中国环境出版社, 2007.

[8] 赵利娜, 程溶. 水质在线监测系统的运行评价[J]. 水利信息化, 2020 (1): 56-58.

第 **6** 章

管道直饮水系统的工程实践

本章以广东益民环保科技股份有限公司实施的管道直饮水实际工程为例，介绍管道直饮水系统在住宅小区、商业街、学校等场所的实践经验，为管道直饮水系统工程建设和运营管理提供参考。

6.1

住宅小区管道直饮水工程实践

6.1.1 广州 ZH 住宅小区管道直饮水工程

该小区共有 16 栋住宅楼，平均楼层 32 层，其中最高楼层有 38 层，总户数 4176 户。该小区在实施管道直饮水工程之前，A1～A6 栋已经建成并交付使用，直饮水工程难以再安装，故小区直饮水工程主要服务对象为 A7～A16 栋约 2500 户。该工程由广东益民环保科技股份有限公司承建并运营管理。

6.1.1.1 用水量及供水规模设计

该工程建设时，国内尚未有相关的标准可作为设计依据，需综合考虑各方面的因素及相关工程经验来进行用水量和供水规模的设计。

该工程用水量标准按 15L/(户•d) 设计为 37.50m³/d，平均小时用水量按每日供水时间 16h 设计为 2.34m³/h，最大小时用水量（小时变化系数取 5）设计为 11.70m³/h。

净水站设计供水能力为 3.50m³/h。

6.1.1.2 直饮水净化工艺

原水取自市政自来水，原水含盐量、有机物含量、浑浊度均较高，原水水质主要指标的监测结果见表 6-1。

表 6-1 原水水质主要指标的监测结果

水质指标	pH 值	浑浊度/NTU	电导率/(μS/cm)	COD$_{Mn}$/(mg/L)	游离余氯/(mg/L)
检测数值	7.37	1.5	702	4.13	0.2

根据原水水质情况，工程设计采用石英砂+活性炭做预处理，主要去除水中的浑浊度和吸附部分有机物；选取纳滤膜作为核心净水系统，纳滤膜可去除水中大部分高价重金属离子和有机物、细菌、病毒等，大部分市政自来水经纳滤处理后水中重金属离子、"三致物"等对身体有害的物质几乎全部被去除，同时还可保留部分对人体有益的微量元素及矿物质；采用二氧化氯作为消毒剂对膜水进行强化消毒。

该工程所采用的净水工艺流程如图 6-1 所示，供水系统布设如图 6-2 所示。

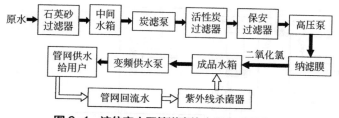

图 6-1　该住宅小区管道直饮水净水工艺流程

（1）预处理

采用石英砂与活性炭过滤器进行预处理。

石英砂过滤器设计尺寸为 $\phi700mm\times H2000mm$，石英砂粒径 6～8 目，填充高度 1400mm，滤速为 10m/h，采用 304 不锈钢制作。原水进入砂滤器进行过滤，其压降逐渐增大，当压降超过 10psi（0.7kg/cm²）时进行反洗。过滤压降不超过 10psi 也可在每次运行前反洗一次。设置自动冲洗程序每周自动清洗。

活性炭过滤器设计尺寸 $\phi800mm\times H2000mm$，活性炭为椰壳活性炭，粒径 4～8 目，填充高度 1200mm，过滤速度为 10m/h。活性炭可以吸附原水中的余氯、有机物、气味、色度等，并使余氯浓度 ≤0.1mg/L，满足纳滤膜的进水需求，有效保护纳滤膜组件，保证纳滤膜免受有机物污染及水中游离氯的破坏。活性炭 1～2 年更换一次，平均 3～7d 清洗一次。

保安过滤器利用 5μm 过滤孔径、处理水量为 6m³/h 的 PP 棉滤芯对进入高压泵和纳滤膜系统的水进行过滤，进一步去除前级处理中未被处理的微细物质（砂泥、石英砂细粒、活性炭粉末）及胶体，避免尖锐颗粒物进入纳滤膜过滤系统刮坏纳滤膜而使整支膜组件失效报废，同时能够截留水中残存的胶体、细菌菌体和细菌分泌物，有效减轻膜污染而缩短其使用周期，保护膜和高压泵。保安过滤器通常是最后一道预处理，预处理做得越好，纳滤膜所需的清洗次数就越少，使用寿命越长。

（2）纳滤（NF）深度净化

NF 深度净化系统为水站最重要的处理单元，用以去除水中所含的杂质，使水质达到饮用净水标准。NF 系统包括高压泵、纳滤膜、压力容器、压力表、流量计、电导率表等。由于纳滤膜运行压力一般 ≥5kg/cm²，所以系统需设有高压泵。膜过滤系统主件全部选用优质进口件以保证长期稳定运行。同时 NF 系统还配有清洗装置，清洗装置由清洗泵、药箱、连接管网组成，用于膜元件定期清洗。

纳滤膜采用 HYDRANAUTICS（海德能）公司生产的 ESNA1 型膜组件（外径×长度 $=\phi201.9mm\times L1016.0mm$），膜材料为芳香聚酰胺，膜结构为卷式，有效膜面积为 400ft²（37.2m²），操作压力达 7kg/cm²，平均脱盐氯达 97%，产水量达 39.7m³/d。采用 4 根压力容器串联，每根压力容器内装 1 根 8040 规格（即长度为 40 英寸、直径为 8.0 英寸；1 英寸=0.0254m）的纳滤膜，采取 2∶1∶1 的排列方式，如图 6-3 所示。该排列方式提高了纳滤膜的产水率，降低了废水排放率，减少水资源的浪费。

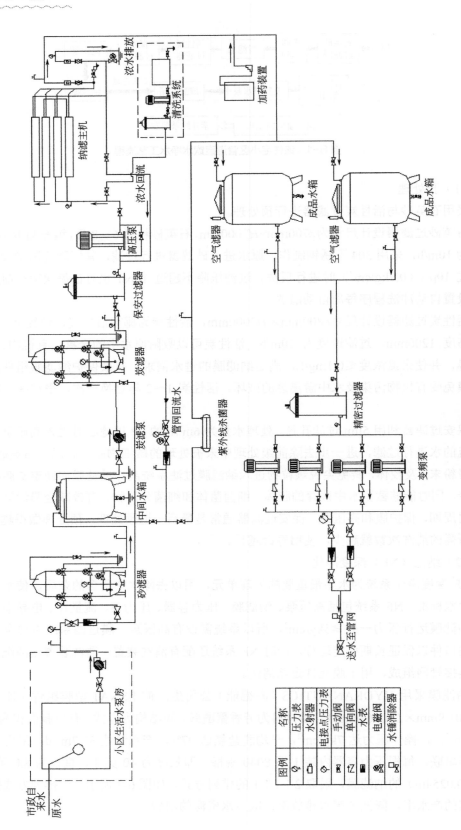

图6-2 该住宅小区管道直饮水工程供水系统布设图

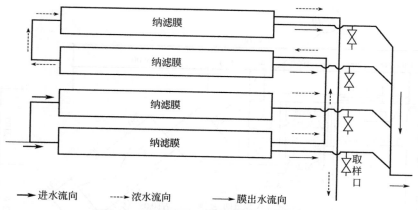

进水流向　　　浓水流向　　　膜出水流向

图6-3　该住宅小区纳滤膜处理装置水流向图

（3）后处理

采用美国帕斯菲达公司生产的加药装置，根据水质变化情况定期或不定期投加食品级稳定二氧化氯消毒剂，对 NF 深度净化系统处理后的水进行强化消毒，确保供水健康安全。

管网回流水需经过紫外线（UV）杀菌器处理后回流到成品水箱，可保证回流水无细菌污染成品水箱的水，保持纯净水的品质稳定合格。UV 杀菌器为加拿大 TRONJAN 公司产品。

6.1.1.3　净水站平面布局

净水站设在小区 A11 栋首层，占地面积约 100m²，其平面布局见图 6-4，设备布局见图 6-5，设备清单见表 6-2。

表6-2　该住宅小区管道直饮水工程净水站设备清单

序号	设备名称	型号规格	数量	单位
1	砂过滤器	$D700mm \times H2000mm$	1	台
2	中间水箱	$D1000mm \times H2000mm$	1	台
3	中间水泵	CH18-20	1	台
4	炭过滤器	$D800mm \times H2000mm$	1	台
5	保安过滤器	5芯30英寸	1	台
6	纳滤泵	CR5-18	1	台
7	纳滤主机	3.5 t/h	1	台
8	加药装置	100/030X	1	台
9	纯水水箱	$D1600mm \times H2500mm$	1	台
10	精密滤器	12芯40英寸	1	台
11	变频泵组	CRN8-120	4	台
12	紫外线灯	3.5t/h	1	台
13	回水精滤器	4t/h	1	台
14	电控箱	PLC+ABB	1	台

注：1 英寸=0.0254m。

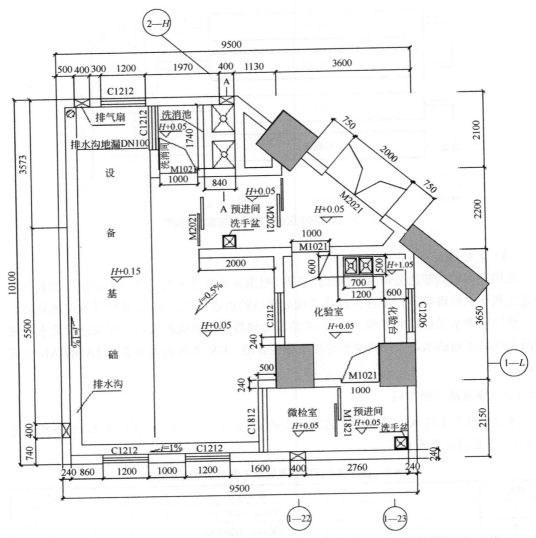

图6-4　该住宅小区管道直饮水工程净水站平面布局（高程单位：m；尺寸单位：mm）

6.1.1.4　管网设计

（1）供水方式

根据小区建筑物高度，所需供水压力相差不大，因此本饮用水供水系统设计分为一个供水系统，住宅楼室内供水竖向分区压力为不大于 0.35MPa。整个小区饮用水系统采用变频供水，在净水站的循环回水管道上设置有电磁阀，以控制系统的循环流量和循环运行的启闭。室内直饮水管道采用上行下给、立管循环的供水方式，即供水干管沿室内管井上升到每幢建筑物屋顶，再由屋顶分配到各立管，经过压力调整后，再供应到各用户，循环回水返回净水站内再次进行处理，以确保管网中饮用水的水质，避免二次污染。

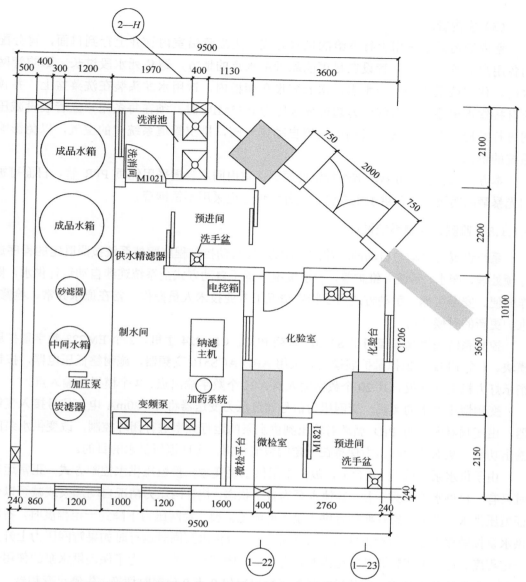

图6-5 该住宅小区管道直饮水工程净水站设备布局（高程单位：m；尺寸单位：mm）

（2）室外管网

小区供水管网的管道均按枝状管网方式布置，以利于系统的回水。整个小区的回水系统只设一个区域，系统的回水管道布置成枝状管网，以便于系统的回水。回水回到净水站的中间水箱内。系统的回水管道，经粗略计算及调整，使每个管段的水压尽可能达到均衡。同时，在系统调试时，通过调节管网的阀门进一步平衡每个管段的水压，确保系统各个部位的回水都能顺畅。

区内供水进户管每栋楼布置一根，回水立管则布置多根。供水管上的阀门设置以方便检修及检修时对住户影响最小为原则，并考虑投资等因素。回水管上的阀门设在每栋楼回水总管上，并在该阀门井内设置放空阀，以便检修时放空回水管道中的水。

（3）室内管网

室内管道系统采用上行下给的供水方式，主立管沿室内管井上行到日面，再分配到各用户立管，用户立管设在尽可能靠近用水点的地方，避免死水段过长，影响管网水质。住宅楼采用一户一水表，水表装设在橱柜内，饮用水龙头装在洗菜盆上，并预留有接饮水机接口。系统压力超过分区压力 0.35MPa 时，须在每条用户立管装设减压阀进行减压。每个系统在最高处设置自动排气阀，排空管道系统中的空气，以免影响系统的供水。

本方案本着安全可靠、节约投资的原则，室内回水管道采用优质 PPR 管，日面可被阳光暴晒的明设管道、供水主立管、室外埋地管道采用不锈钢管。

6.1.1.5 监测、控制系统设计

系统设置有手动与自动两种监测控制方式，自动控制程序驱使系统按照既定的程序进行预处理、产水、冲洗、维护等，一般情况下置于自动方式全系统连续自动运行供水，操作简便、安全可靠。手动方式用于特殊情况下专业技术人员操作，常在原水异常、检修、维护更新的时候使用。

控制系统采用德国西门子 S7-200 系列 PLC，CPU224 主机、2 个 EM223 数字量扩展模块、1 个 EM231 模拟量扩展模块。采用 ABB ACS510 变频器，施耐德低压电器，按钮指示灯人机交互面板。共 20 个数字输入点、21 个数字输出点、4 个模拟量输入点。

变频恒压供水的实现：管网压力信号通过压力变送器将 4～20mA 电流信号接入变频器，由变频器内部的 PID 循环对输出到供水泵的运行频率进行闭环控制，改变供水泵的输出功率，从而使管网压力保持在一定的数值范围，实现恒压供水的目的。

由于供水泵比较多（4 台），故而采用供水泵变频轮换恒压供水控制方式，正常运行时只有一台供水泵变频运行，其他水泵为备用状态，按管网压力情况自动加泵或减泵以保证恒压供水。当用水高峰期一台供水泵不能满足需要、管网压力下降到一定程度时，备用供水泵按顺序以工频运行方式自动投入补充；多台供水泵同时运行时如果管网压力上升到一定程度、超过了变频调节的范围时，则自动关闭工频供水泵。为了保证供水泵的使用寿命和 4 台泵的状态均等，自动运行状态下每日凌晨 0 点 0 分定时切换，先停止变频器、关闭当前供水泵，再按预定的顺序起动下一台供水泵和变频器。

6.1.1.6 运营维护情况

该工程于 2003 年建成并投入使用，取得了卫生检疫部门颁发的"卫生许可证"。

该住宅小区直饮水站通过日常指标检测，了解产水水质，供水水质符合《饮用净水水质标准》（CJ 94）要求。当水质出现异常时，技术人员及时采取措施以保证水站长期运行过程中产水水质稳定合格。水站定时更换耗材，并设有专人巡查，确保系统运行正常，给用户提供安全健康的优质直饮水。

该住宅小区年度水质情况见表 6-3，水质运行情况见图 6-6，年度能耗情况见表 6-4。

表6-3　该住宅小区年度水质情况

水质项目	成品水检出值			限值（CJ 94）
	2017 年	2018 年	2019 年	
臭和味	无	无	无	无臭味、异味
肉眼可见物	无	无	无	无
色度/度	<5	<5	<5	5
浑浊度/NTU	<0.5	<0.5	<0.5	0.5
pH 值	7.04	7.01	7.14	6.0～8.5
耗氧量(COD$_{Mn}$,以 O$_2$ 计)/(mg/L)	0.45	0.51	0.38	2.0
挥发性酚类(以苯酚计)/(mg/L)	<0.002	—	—	0.002
阴离子合成洗涤剂/(mg/L)	<0.050	—	—	0.20
氯仿/(mg/L)	0.0076	—	—	0.03
四氯化碳/(mg/L)	0.0004	—	—	0.002
砷(As)/(mg/L)	<0.0010	—	—	0.01
铅(Pb)/(mg/L)	<0.0025	<0.00007	<0.00007	0.01
铁(Fe)/(mg/L)	<0.20	<0.0009	0.0037	0.20
锰(Mn)/(mg/L)	<0.05	0.00051	0.00063	0.05
余氯/(g/L)	—	0.07	0.03	≥0.01
菌落总数/(CFU/mL)	未检出	未检出	未检出	不得检出
总大肠菌群/(MPN/100mL)	未检出	未检出	未检出	不得检出
粪大肠菌群/(MPN/100mL)	未检出	未检出	未检出	不得检出

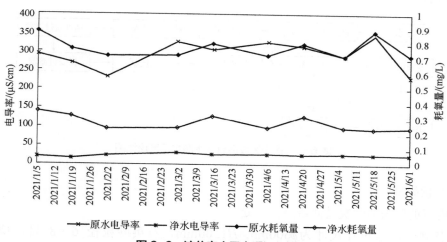

图6-6　该住宅小区水质运行情况

表6-4　该住宅小区年度能耗情况

序号	时间	自来水用量 /t	用电量 /(kW·h)	直饮水供应量 /t	水利用率 /%	每度电供直饮水 /[L/(kW·h)]
1	2016 年	3950	16060	1203.8	30.5	75.0
2	2017 年	3265	16440	1154.9	35.4	70.2
3	2018 年	3292	13860	1440.7	43.8	103.9
4	2019 年	3294	16160	1557.3	47.3	96.4
5	2020 年	4169	20100	1566.8	37.6	78.0

6.1.2 广州 HJ 住宅小区管道直饮水工程

该小区位于天河区，小区有 3 栋住宅楼，最高楼层有 29 层，总户数 504 户，设计直饮水服务对象约 3000 人。

6.1.2.1 供水规模

综合考虑住宅用水量标准以及实际需要，本工程设计直饮水供水规模 2.0m³/h。

6.1.2.2 直饮水净化工艺

原水取自市政自来水，原水含盐量、有机物含量、浑浊度均较低，原水水质主要指标监测结果见表 6-5。

表 6-5 原水水质主要指标监测结果

水质指标	pH 值	浑浊度/NTU	电导率/(μS/cm)	COD$_{Mn}$/(mg/L)
检测数值	6.96	0.2	323	1.93

根据原水水质情况及工程实际需求，直饮水系统采用反渗透处理工艺。净水工艺流程如图 6-7 所示。

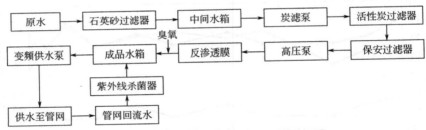

图 6-7 该小区管道直饮水净水工艺流程图

（1）预处理

采用石英砂与活性炭过滤器进行预处理。

石英砂过滤器设计尺寸为 ϕ600mm×H1500mm，石英砂粒径 6～8 目，填充高度 1050mm。原水进入砂滤器进行过滤，其压降逐渐增加，当压降超过 10psi（0.7kg/cm²）时进行反洗。过滤压降不超过 10psi 也可在每次运行前反洗一次。设置自动冲洗程序每周自动清洗。

活性炭过滤器设计尺寸 ϕ800mm×H2000mm，活性炭为椰壳活性炭，粒径 4～8 目，填充高度 1200mm，过滤速度为 10m/h。活性炭 1～2 年更换一次，平均 3～7d 清洗一次。

（2）反渗透（RO）深度净化

反渗透深度净化系统为水站最重要的处理单元，用以去除水中所含的杂质，使水质达到国家规定的饮用纯净水标准。反渗透深度净化系统包括保安过滤器、高压泵、反渗透膜。保安过滤器利用 PP 棉对进入高压泵和反渗透膜系统的水进行预过滤，去除水中微细物质（砂泥、石英砂细粒、活性炭粉末）及胶体，避免尖锐颗粒物进入反渗透主机刮坏反渗透膜而使整支膜组件失效报废，同时还能够截留水中残存的胶体、细菌菌体和细菌分泌物，有效减轻后续膜污染而缩短其使用周期。保安过滤器滤芯使用周期根据过滤水量及水头压力损失来确定。反渗透膜运行压力 $10kg/cm^2$ 以上，设有专门的增压高压泵。膜过滤系统主件全部选用优质进口件以保证系统的长期稳定运行。同时反渗透系统还配有清洗装置，清洗装置由清洗泵、药箱、连接管网组成，用于膜元件定期清洗。

经预处理完的进水经过高压泵连续升压泵入反渗透膜过滤系统。反渗透膜过滤是最精密的过滤方式，能够截留除水分子（H_2O）以外所有的分子，对小分子无机盐的截留率可达到99.9%以上，因此经过反渗透膜处理后渗透水中几乎没有任何杂质。

HJ 小区直饮水工程采用美国 HYDRANAUTICS（海德能）公司生产的 ESPA1 型聚酰胺复合膜，脱盐率大于98%。8 支膜组件（$\phi100.1mm \times H1016.0mm$）采用 4 根压力容器，每根压力容器内装 2 根 4040 规格（即长度为 40 英寸，直径为 40 英寸）的反渗透膜，采取 2:1:1 的串联排列方式，操作压力 $10.5kg/cm^2$，如图 6-8 所示。HJ 小区直饮水工程供水系统布设如图 6-9 所示。

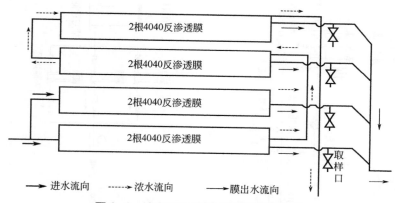

图 6-8   该小区 RO 膜处理装置水流向图

（3）后处理工艺

采用臭氧对反渗透深度净化系统处理后的水进行强化消毒，确保供水健康安全。管网回流水需经过紫外线杀菌器处理后回流到成品水箱，可保证回流水无细菌污染成品水箱的水，保持纯净水的品质稳定合格。

6.1.2.3 净水站平面布局

该工程净水站设在小区 C 栋负一层，占地面积 $100m^2$，其平面布局见图 6-10，设备布局见图 6-11，图 6-11 中设备清单见表 6-6。

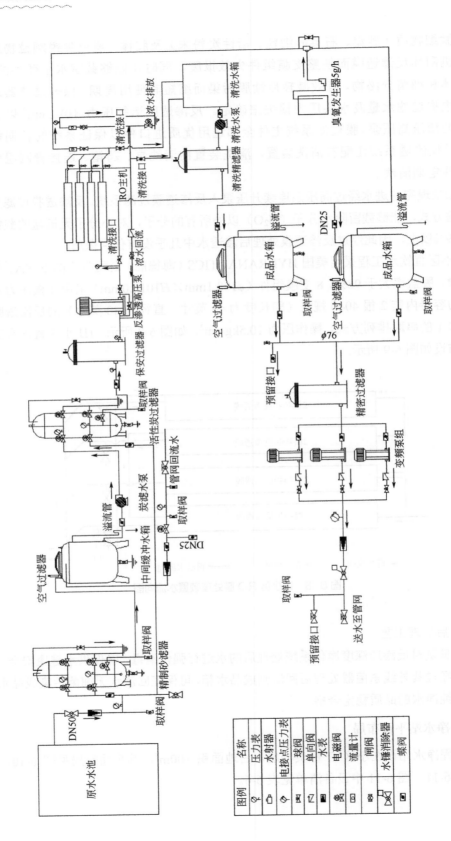

图6-9 该小区管道直饮水工程供水系统布设图

图例	名称
⊘	压力表
⊕	水射器
⊘	电接点压力表
⋈	球阀
⋀	单向阀
⊠	水表
⊗	电磁阀
⊡	流量计
⊟	闸阀
⋈	水锤消除器
⊠	蝶阀

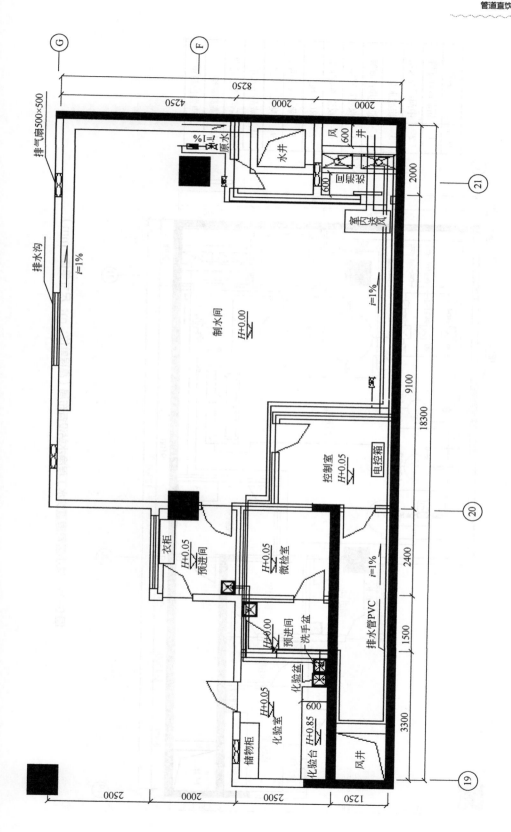

图6-10 该小区管道直饮水工程净水站平面布局（高程单位：m；尺寸单位：mm）

代号	设备名称
1	精制砂过滤器
2	中间缓冲水箱
3	炭滤水泵
4	活性炭过滤器
5	保安过滤器
6	反渗透高压泵
7	RO系统
8	紫外线杀菌器
9	臭氧发生器
10	成品净水箱
11	后级微过滤器
12	变频泵组
13	电器控制箱

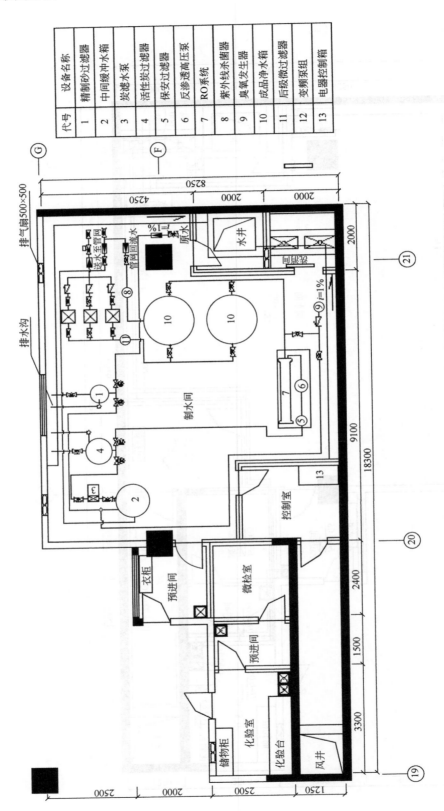

图 6-11　该小区管道直饮水工程净水站设备布局（高程单位：m；尺寸单位：mm）

表6-6 该小区管道直饮水工程净水站设备清单

序号	设备名称	型号规格	数量	单位
1	精制砂过滤器	$D600mm \times H1500mm$	1	台
2	中间缓冲水箱	$D1200mm \times H2000mm$	1	台
3	炭滤水泵	CH14-20，0.55kW	1	台
4	活性炭过滤器	$D800mm \times H2000mm$	1	台
5	保安过滤器	5 芯，4t/h	1	台
6	反渗透高压泵	CR5-18，2.2kW	1	台
7	RO 系统	2t/h	1	台
8	紫外线杀菌器	2t/h	1	台
9	臭氧发生器	5g/h	1	台
10	成品净水箱	$D1600mm \times H2000mm$	2	台
11	后级微过滤器	10t/h	1	台
12	变频泵组	CRN5-24，4.0kW	3	台
13	电器控制箱	PLC+ABB 变频	1	台

6.1.2.4 监测、控制系统设计

控制系统采用德国西门子 S7-200 系列 PLC，CPU224 主机，EM223、EM222 数字量扩展模块，EM231 模拟量扩展模块。后面新增二期管网，更换 PLC 主机为 CPU224XP CN，增加一个 EM223 数字量扩展模块和一套变频恒压控制装置，采用 ABB ACS400、ACS510 变频器，施耐德低压电器，按钮指示灯人机交互面板。

在产水系统的自动控制上采用浓水自动回流功能，根据采集到的纯水电导率信号自动控制浓水的回流和排放。通过产水主机上安装的电导率电极探头，对产水时的纯水电导率进行实时检测，PLC 将电导率仪的 0～20mA 原始电流信号转换为 AIW 模拟量输入点的 0～32676 数字量信号，在 PLC 程序中进行采样及处理、运算，最终得到实际电导率值。PLC 将实际电导率值与预设值进行比较，当高于预设上限值并保持这种情况一定时间后，视为纯水电导率过高，PLC 将控制打开浓水排放阀，增大产水主机的浓水排放量，以降低纯水电导率，提高水质。当产水时的纯水电导率实际值降低到预设下限值并保持一定时间后，关闭浓水排放阀，达到节能降耗的目的。

6.1.2.5 运营维护情况

该工程于 2003 年 8 月建成投入运行，取得了卫生检疫部门颁发的"卫生许可证"。

净水站多年来运行正常，供水水质符合《饮用净水水质标准》（CJ 94）要求。水站定时更换耗材，并设有专人巡查，确保系统运行正常，给用户提供安全健康的优质直饮水。该住宅小区年度水质情况见表 6-7，水质运行情况见图 6-12，年度能耗情况见表 6-8。

表 6-7 该住宅小区年度水质情况

检测指标	成品水检出值		限值（CJ 94）
	2017 年	2018 年	
臭和味	无	无	无异臭、异味
肉眼可见物	无	无	无
色度/度	<5	<5	5
浑浊度/NTU	<0.5	<0.5	0.5
pH 值	7.51	7.22	6.0～8.5
耗氧量(COD_{Mn},以 O_2 计)/(mg/L)	0.34	0.51	2.0
挥发性酚类(以苯酚计)/(mg/L)	<0.002	—	0.002
阴离子合成洗涤剂/(mg/L)	<0.050	—	0.20
氯仿/(mg/L)	0.0048	—	0.03
四氯化碳/(mg/L)	0.0003	—	0.002
砷(As)/(mg/L)	<0.0010	—	0.01
铅(Pb)/(mg/L)	<0.0025	<0.00007	0.01
铁(Fe)/(mg/L)	<0.20	<0.0009	0.20
锰(Mn)/(mg/L)	<0.05	0.00130	0.05
余氯/(mg/L)	—	0.08	≥0.01
菌落总数/(CFU/mL)	2	未检出	不得检出
总大肠菌群/(MPN/100mL)	未检出	未检出	不得检出
粪大肠菌群/(MPN/100mL)	未检出	未检出	不得检出

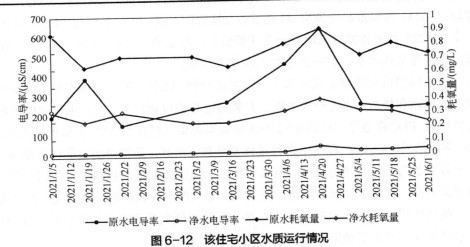

图 6-12 该住宅小区水质运行情况

表 6-8 该住宅小区年度能耗情况

序号	时间	自来水用量 /t	用电量 /(kW·h)	直饮水供应量 /t	水利用率 /%	每度电供直饮水 /[L/(kW·h)]
1	2016 年	789	22463	207.0	26.2	9.2
2	2017 年	999	25746	300.0	30.0	11.7
3	2018 年	847	24503	236.9	28.0	9.7
4	2019 年	825	22897	263.0	31.9	11.5
5	2020 年	961	17562	245.8	25.6	14.0

6.2
商业街管道直饮水工程实践

商业街是由众多商店、餐饮店、服务店等共同组成的，按一定结构比例规律排列的商业繁华街道，是城市商业的缩影和精华，是一种多功能、多业种、多业态的商业集合体。为了满足顾客和游客饮水需求，有必要在商业街提供管道直饮水。

广州市上下九商业街位于广州市荔湾区老城区西关，东起上下九路，西至第十甫西，横贯宝华路、文昌路，全长 1237m，全路段店铺林立，共有商店 300 多家，日客流量达 60 万次，荟萃了岭南文化中的老西关美食文化、岭南饮食文化和岭南民俗风情。2005 年广州市政府为市民办实事，委托广东益民环保科技股份有限公司在该地段建立广东省第一条商业步行街管道直饮水工程，供广大市民免费饮用优质水。

6.2.1　工程概况

工程名称：广州市上下九商业街管道直饮水工程。

服务范围及服务对象：广州市上下九商业街，全长 1237m，日客流量达 60 万次，设置 3 个饮水点，每处设直喷式龙头及水盆各 1 个。

净水站设立位置：在商业街广州酒家对面的路边单独建设净水站房。

净水主机类型及产水规模：采用纳滤膜系统，最大设计流量为 1000L/h，循环流量为 300L/h。

供水水质标准：《饮用净水水质标准》（CJ 94）。

投产时间及运行状况：2005 年 6 月，运行状况良好。

6.2.2　原水情况

原水取自市政自来水，原水含盐量、有机物含量、浑浊度均较低，水质主要指标的监测结果见表 6-9。

表 6-9　原水水质主要指标的监测结果

水质指标	浑浊度/NTU	电导率/(μS/cm)	COD_{Mn}/(mg/L)
检测数值	≥1.1	≥400	2.705

6.2.3　工艺流程

根据原水水质情况，工程设计采用石英砂，对浊度有很好的去除效果，活性炭能去除水中大部分有机物；纳滤膜能够去除水中绝大多数的有机物、细菌、病毒，对二价及二价以上高价重金属离子无机盐及"三致"物质去除率达 99%以上,同时适度保留对人体有益的微量矿物质元素。原水经纳滤深度净化系统处理后水中重金属离子、"三致"物等对身体有害的物质全部被去除;而广州市自来水硬度不高,一般小于 100mg/kg(以 $CaCO_3$ 计),所以进入纳滤系统之前不需做软化处理,因此该工程采用石英砂+活性炭+纳滤水处理工艺。净水工艺流程如图 6-13 所示,供水系统布设见图 6-14。

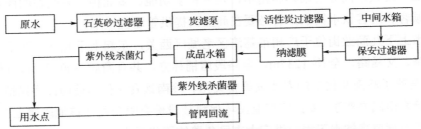

图 6-13　广州市上下九商业街管道直饮水净水工艺流程图

6.2.3.1　预处理工艺

采用石英砂与活性炭过滤器进行预处理。

石英砂过滤器设计尺寸 $\phi300mm\times H1100mm$,石英砂粒径 6～8 目,填充高度 750mm。原水进入砂滤器进行过滤,其压降逐渐增大,当压降超过 10psi($0.7kg/cm^2$)时进行反洗。过滤压降不超过 10psi 也可在每次运行前反洗一次。设置自动冲洗程序每周自动清洗。

活性炭过滤器设计尺寸 $\phi300mm\times H1100mm$,活性炭为椰壳活性炭,粒径 4～8 目,填充高度 800mm,过滤速度为 10m/h。活性炭 1～2 年更换一次,平均 3～7d 清洗一次。

6.2.3.2　纳滤（NF）深度净化工艺

NF 深度净化系统为水站最重要的处理单元,包括保安过滤器、高压泵、纳滤膜、压力容器、压力表、流量计、电导率表等。纳滤膜运行压力一般≥$5kg/cm^2$,所以系统需设有高压泵。膜过滤系统主件全部选用优质进口件以保证长期稳定运行。同时 NF 系统还配有清洗装置,清洗装置由清洗泵、药箱、连接管网组成,用于膜元件定期清洗。

该工程的纳滤膜选用美国 HYDRNANAUTICS 公司生产的节能型原装进口芳香族聚酰胺复合膜,系统使用 2 支型号为 ESPA1-4040 复合纳滤膜组件,ESPA1-4040 组件外径×长度=$\phi100.1mm\times1016.0mm$,2 支膜组件分别装入 2 个压力容器内,2 个压力容器进行 1:1 串联运行,如图 6-15 所示。

6.2.3.3　后处理工艺

采用紫外线（UV）杀菌器对反渗透深度净化系统处理后的水进行强化消毒,确保供水健康安全。

管网回流水需经过 UV 杀菌器处理后回流到成品水箱,可保证回流水无细菌污染成品水箱的水,保持纯净水的品质稳定合格。

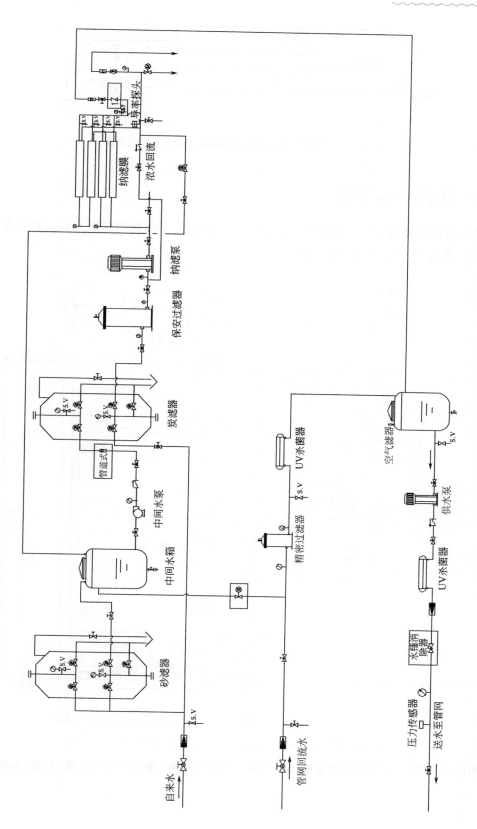

图6-14 广州市上下九商业街管道直饮水工程供水系统布设图

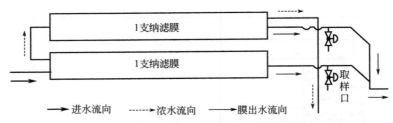

图 6-15 广州市上下九商业街纳滤膜处理装置水流向图

6.2.4 净水站平面布局

该工程净水站设在广州酒家对面，占地面积 25m²，平面布局见图 6-16，设备布局见图 6-17，图 6-17 中设备清单见表 6-10。

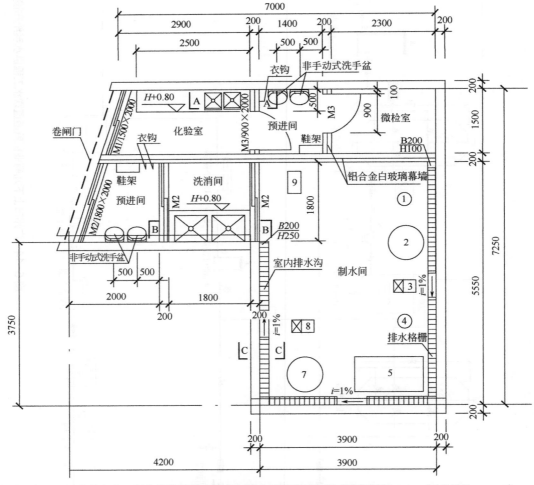

图 6-16 广州市上下九商业街管道直饮水工程净水站平面布局（高程单位：m；尺寸单位：mm）

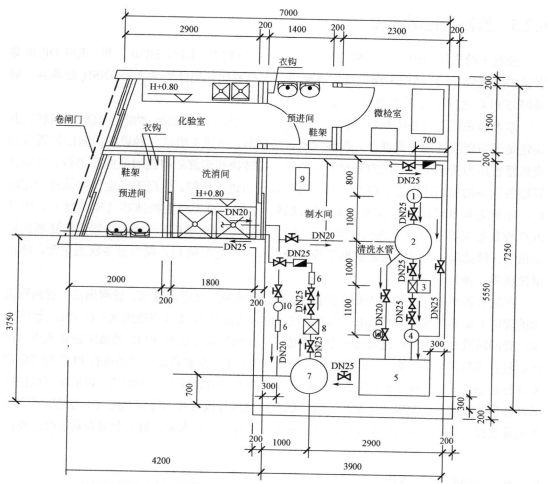

图6-17 广州市上下九商业街管道直饮水工程净水站设备布局（高程单位：m；尺寸单位：mm）

表6-10 广州市上下九商业街管道直饮水工程净水站设备清单

序号	设备名称	型号规格	数量	单位
1	砂过滤器	D300mm，1t/h	1	台
2	中间水箱	D800mm×H1200mm	1	台
3	中间水泵	CH12-20	1	台
4	活性炭过滤器	D300mm，1t/h	1	台
5	纳滤泵	CR5-18	1	台
6	纳滤主机	0.5t/h	1	台
7	紫外线杀菌器	0.5t/h	2	台
8	纯水水箱	D800mm×H1000mm	1	台
9	变频泵组	CH12-30	4	台
10	回水精滤器	0.5 t / h	1	台
11	电控箱	PLC+ABB	1	台

6.2.5　监测、控制系统

控制系统采用德国西门子 S7-200 SMART 系列 PLC，CPU SR30 主机、EM DR08 数字量扩展模块、EM AE04 模拟量扩展模块。人机界面采用威纶通 TK8070iH 触摸屏。触摸屏与 PLC 之间通过以太网口连接。

本水站采用了设备压差检测的方法智能判断砂滤器、精滤器、纳滤主机的堵塞状况及决定是否需要清洗或更换滤芯。在砂滤器、精滤器、纳滤主机这 3 种设备的前后位置分别安装精密压力传感器，对压力进行实时监测，经转换和运算后得出对应的压力值，分别计算出各设备的前后压力差。将此压力差值与设定值进行比较，当高于设定值并保持一定时间，则视为设备已堵塞，需要清洗（砂滤器、纳滤主机）或更换滤芯（精滤器）。于是 PLC 控制相关的泵及电磁阀执行清洗程序（砂滤器、纳滤主机），或发出需更换滤芯的提示信号（精滤器）。当压力差值低于设定值并保持一定时间后，视为设备状态正常，停止清洗程序，恢复正常运行。

在用水量计量方面本水站采用了电子水表自动读数。在市政进水、管网出水、管网回流水的管道上安装高精度脉冲式电子水表。这种水表每流过 100L（市政进水）或 10L（管网出水、管网回流水）水量，就发出一个脉冲信号。此脉冲信号送到 PLC 的数字量输入点，由 PLC 进行采集并累计计数，从而得出相应的水表值。电子水表自动计数功能在 PLC 程序中需要进行初始化设置，根据水表表盘的读数设置好 PLC 中相应读数的初始值，以后才可以按照脉冲计量的方式正确地累计计量。对 PLC 的系统块进行设置并上传到 PLC 中，使程序中这 3 个水量数据占用的字节为断电记忆，这样就保证了程序中的水表读数不会因为断电而丢失。

6.2.6　运营维护情况

本工程于 2005 年 6 月建成并投入运行，如图 6-18 所示，取得了卫生检疫部门颁发的"卫生许可证"。

(a) 砂滤器和炭滤器　　　　　　　　(b) 纳滤主机装置

(c) UV消毒器 (d) 直饮水终端

图6-18 广州市上下九商业街管道直饮水成套设备

净水站多年来运行正常，供水水质符合《饮用净水水质标准》（CJ 94）。水站设有专人巡查，以保证管道直饮水系统正常工作；对水质安排有日常检测，且定期更换耗材，给用户提供安全、健康、放心的优质直饮水。该管道直饮水系统水质运行效果如图6-19所示。

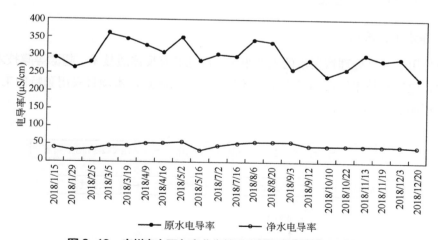

图6-19 广州市上下九商业街管道直饮水系统水质运行效果

6.3

学校管道直饮水系统工程实践

学校是人员相对比较集中的场所，师生对饮用水的需求较大，故在学校建设管道直饮水系统是非常必要的。广州某中学委托广东益民环保科技股份有限公司在教学楼、图书馆、食堂及学生宿舍等建筑物内部构建了管道直饮水系统。

6.3.1 直饮水站规模设计

6.3.1.1 教师用水量 Q_{d1}

教师人数为 300 人，用水标准 3L/(人·d)，Q_{d1} 取值 0.90m³/d。

6.3.1.2 学生用水量 Q_{d2}

学生人数为 2400 人，用水标准 2L/(人·d)，Q_{d2} 取值 4.80m³/d。

6.3.1.3 不可预见用水量和总用水量

不可预见用水量按 10% 估算，取值 0.57m³/d。总用水量为 6.27m³/d。每日供水时间按 16h 计，则平均小时用水量为 0.392m³；最大小时用水量按小时变化系数 6.4 计，则最大小时用水量为 2.51m³。

综上，净水站处理水量按最高日用水量的 1/12～1/8 计，并根据处理设备常用规格，确定直饮水站的设计水量为 1.0m³/d。

6.3.2 直饮水站工艺设计

6.3.2.1 净水工艺流程

国内外用于深度处理饮用水的工艺很多，常见的有反渗透技术、超滤等膜技术、离子交换技术、电渗析技术等，为了克服上述传统工艺的缺点，本项目采用独特的工艺组合，其工艺流程如图 6-20 所示。

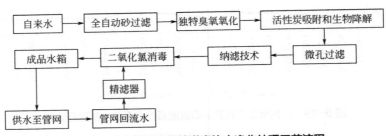

图 6-20　广州某中学管道直饮水净化处理工艺流程

该工艺流程采用的水处理技术均为成型技术，如微滤、纳滤、活性炭吸附等技术，已应用十分普遍。臭氧化与活性炭联用组成生物活性炭，作为一项先进的水处理技术，在国外已广为普遍，国内较为流行。详细供水系统图如图 6-21 所示。

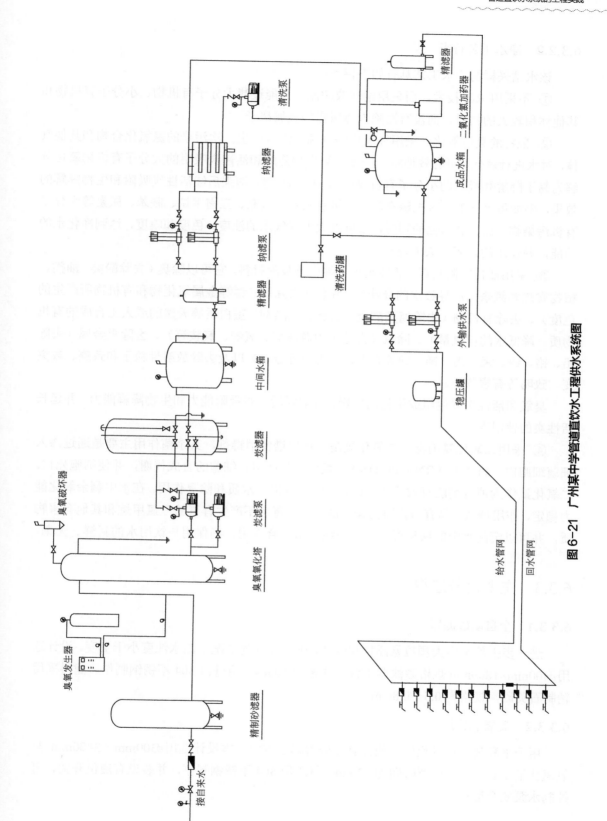

图 6-21 广州某中学管道直饮水工程供水系统图

6.3.2.2 净水工艺特点

该水站采样的净水工艺具有如下特点：

① 不采用 RO 技术，而采用纳滤或超滤。只能过滤大分子有机物、小分子有机物和其他体积较大的物质，而没有滤除人体所需的金属离子。

② 独特的臭氧氧化。采用纯氧作为气源，没有产生二次污染的氮氧化合物和其他气体，对水进行氧化，可有效地将一些难以被生物降解和活性炭吸附的大分子有机物氧化分解为易于降解和吸附的小分子有机物或 H_2O、CO_2 等，增强后续活性炭吸附和生物降解的效果，例如可氧化酚、有机磷农药、有机氯农药、氨氮、三卤甲烷、联苯、尿素等大分子有机污染物。在臭氧氧化的同时，还可以大大降低水的浊度、色度和嗅度，达到净化水的功能，并使水的含氧量大大提高。

③ 采用活性吸附材料。活性炭是一种广谱吸附材料，它可以除臭（去除酚类、油类、植物腐烂和氯杀菌所导致水的异味）、除色（去除铁、锰等金属氧化物和有机物所产生的色度）、去除有机物（去除腐殖酸类、农药、洗涤剂、蛋白质等天然的或人工合成的有机物质，降低水的耗氧量）、除氯（去除水中游离氯、氯酚、氯胺等）、去除重金属（去除铅、铬、镉、汞、锡、锑、砷等有毒、有害的重金属）以及去除放射性粒子和致癌、致突变、致畸等有害物质。

臭氧和活性炭联用组成生物活性炭，将增强活性炭吸附能力和生物降解能力，并延长活性炭的使用寿命。

④ 采用二氧化氯消毒。二氧化氯是一种广谱性消毒剂，其杀菌作用主要是通过渗入细菌细胞内，将核酸（RNA 或 DNA）氧化，从而阻止细胞的合成代谢，并使细胞死亡。二氧化氯作为消毒剂能有效杀死细菌，同时具有提高水质和除臭作用，在水中剩余氧化能力稳定，作用持久，具有防止再污染的能力，消毒后不产生有毒的三氯甲烷和其他有害物质，并可以沉淀水中的铁和锰。与紫外线杀菌组合应用，确保用户饮用水的新鲜、无菌。

6.3.3 主要设备选型

6.3.3.1 全自动砂滤器

进一步去除水中大颗粒悬浮物和胶体，确保在任何情况下出水浊度小于 1 度。设计选用 ϕ400mm×1800mm 规格砂滤器 1 台，滤速为 10m/s，用进口 304 不锈钢制作。滤料采用精制石英砂，规格为 0.5～0.8mm。

6.3.3.2 臭氧氧化塔

用于水和臭氧接触反应，使臭氧充分溶解于水中，本设计选用 ϕ300mm×3400mm 臭氧氧化塔 1 台，水力停留时间为 12min。材质用 304 不锈钢制作，并装设有液位开关，可控制水泵安全运行。

6.3.3.3　臭氧发生器

用于水消毒和有机物氧化，本设计选用美国太平洋公司"O1"型臭氧发生器 2 台，臭氧发生量为 5g/h，功率为 0.18kW。

6.3.3.4　炭滤泵

用于水加压及反洗，设计选用 CHI2-30 型 2 台，每台流量 2.0m³/h，扬程 23m，功率为 0.48kW，2 台水泵为一用一备。

6.3.3.5　全自动炭滤器

用于吸附、降解有机物，设计选用 ZAC-1 型活性炭过滤器 1 台，材质均为不锈钢，炭滤器过滤速度为 10m/h。

6.3.3.6　中间水箱

用于管网回水储存及水量调节，设计选用水箱一个，外形尺寸为 ϕ800mm×1000mm，材质为不锈钢。

6.3.3.7　纳滤泵

用于水的转输，选用 CRN2-60 型不锈钢水泵 2 台，每台水泵流量为 2.0m³/h，扬程为 53m，功率为 0.75kW，2 台水泵为一用一备。

6.3.3.8　精密过滤器

进一步去除水中微细物质及胶体，设计选用 I 期 JM-20×3 型精密过滤器 2 台，处理水量为 1m³/h，外壳均为不锈钢材质，过滤精度为 1μm。

6.3.3.9　纳滤器

设计选用 1.0m³/h 纳滤器一套，纳滤膜采用聚酰胺脂材质，系统包括缓冲罐及清洗水泵。

6.3.3.10　成品水箱和变频供水装置

成品水箱用于低峰水量储存及高峰水量调节，设计选用水箱 1 个，容积为 2.0m³，外形尺寸为 ϕ1000mm×2500mm，材质为不锈钢。

变频供水装置用于校园区自动供水。设计选用 BHG-4-60 变频恒压供水装置一套，供水量为 2m³/h，水泵选用丹麦格兰富品牌，型号 CRN2-60，流量为 2m³/h，扬程为 53m，电机功率 0.75kW，数量为 2 台。

6.3.4　净水站平面布置

净水站设在教学区一楼，净水站建筑面积为 48m²，平面尺寸为 8m×6m，成"L"形布置。净水站净空高度为 3.4m。站内设备按工艺流程顺序靠墙布置。处理站内清洗废水通过地漏排至室外。净水站另设有值班室、化验室各一间，值班室具备水压控制、自动消毒、缺水保护、余氯控制、故障报警等多种自动控制功能。化验室配备有先进的检测、化验仪器，定时检验成品水的质量，确保居民用水健康。水站平面布置见图 6-22，图 6-22 中主要设备清单见表 6-11。

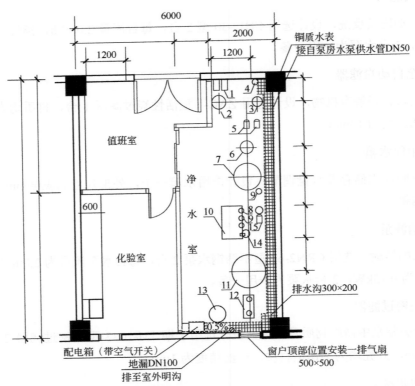

图6-22 某中学管道直饮水工程净水站平面布置图（单位：mm）

表6-11 净水站主要设备一览表

序号	名称	型号及规格	单位	数量	材质	产地
1	臭氧发生器	美国太平洋	台	2	—	进口
2	全自动砂滤器	ϕ400mm×1800mm	台	1	不锈钢	进口
3	臭氧氧化塔	ϕ300mm×3400mm	台	1	不锈钢	自制
4	臭氧消除器	—	台	1	—	—
5	炭滤泵	CHI2-30；0.48kW	台	2	不锈钢	进口
6	全自动炭滤器	ZAC-1；ϕ400mm×2000mm	台	1	不锈钢	进口
7	中间水箱	V=0.5m^3；ϕ800mm×1000mm	个	1	不锈钢	自制
8	中间水泵	CRN2-60	台	1	不锈钢	进口
9	精密过滤器	JM-20×3	台	2	不锈钢	自制
10	纳滤装置	1m^3/h	套	—	聚酰胺酯膜	进口

续表

序号	名称	型号及规格	单位	数量	材质	产地
11	成品水箱	$V=2m^3$；$\phi1000mm\times2500mm$	个	2	不锈钢	自制
12	变频供水设备	BHG4-60	—	—	—	进口
13	缓冲罐	$D500$	个	1	不锈钢	自制
14	消毒设备	JY.01-1	套	1	—	—
15	清洗设备	QX0.2-1	套	1	—	—

6.3.5 净水站电气设计

6.3.5.1 该系统的监控方案

该水站监控系统设计具有下列功能：

① 监控水池水位，超限报警；

② 监视各水泵的启停、故障信号、运行状态；

③ 炭滤泵和臭氧发生器同时启动，同时停止；

④ 当中间水箱高位时，炭滤泵停止，低位时，炭滤泵启动；

⑤ 纳滤泵由成品水箱高低液位控制；

⑥ 监控变频水泵电机状态（功率较大）；

⑦ 变频水泵由管网压力控制，保持恒定水量。

6.3.5.2 监控点

该直饮水站的电气监控点见表 6-12。

表 6-12 电气监控点

位置及设备	控制点描述	类型			
		模拟输入（AI）	模拟输出（AO）	数字输入（DI）	数字输出（DO）
管道直饮水设备 水泵 5 台 水池 2 个 臭氧发生器 1 台	水泵状态			5	
	水泵启停				5
	水泵故障			5	
	水池液位报警			1	
	水池液位状态			4	
	臭氧发生器启停				1
	变频水泵管网压力	1			
	变频水泵电机控制	5			
合计		6		15	6

6.3.5.3　系统结构

监控系统由 DDC（JOHNSON 品牌）控制器进行现场控制。可独立工作，亦可与小区智能化设备自动监控系统联网使用（需考虑系统兼容性）。电气监控设备清单见表 6-13。

表 6-13　电气监控设备清单

序号	名称	品牌	产地	型号	单位	数量
1	数字式控制器	JOHNSON	美国	DX-9100-8154	个	1
2	通信模块	JOHNSON	美国	XT-9100-8034	个	1
3	扩展模块	JOHNSON	美国	XP-9105-8305	个	1
4	压力变送器	JOHNSON	美国	PR264	个	1
5	水位开关	JOHNSON	美国	KEY-5M	个	5
6	水流开关	JOHNSON	美国	F61KB-11CZ	个	5
7	多功能变送器	JOHNSON	美国	INTEGAR	个	1
8	控制盘	JOHNSON	美国	JS580	个	1
9	变压器	JOHNSON	美国	JS680	个	1

6.3.6　供水管网设计

6.3.6.1　供水方式

本工程采用上行下给的循环供水方式，即成品水由净水站内恒压变频供水设备加压，通过干管管网及支管管网分配至每幢建筑物屋顶，再由屋顶往下供应各用户，经过用户部分成品水由循环管收集返回净水站内再次处理，以确保管网中成品水水质，避免二次污染。

6.3.6.2　室外部分

室外给水管采用干管循环，以确保各建筑物水量及水压。干管直径为 DN50～DN25，材质为不锈钢，埋地敷设。回水管管径为 DN25～DN20，材质为不锈钢，埋地敷设。

6.3.6.3　室内部分

室内给水管采用立管循环，避免出现管内死水，立管管径为 DN25～DN20，材质为 PPR 塑料管，明装固定在室内（外）墙上，饮用水龙头装在不锈钢盆上。

6.4

宾馆管道直饮水系统工程实践

宾馆是供客人住宿、休息、会客和洽谈业务的场所，为客人提供优质饮用水是宾馆的主要服务内容之一。因此，绝大多数星级宾馆都建设了管道直饮水系统。

广州 YY 宾馆位于广州市天河区，其直饮水系统设计供水规模为 12.5L/h，设计最大日用水量为 0.15m³。根据设备规格，选用日供水 400 加仑（1 加仑=3.785dm³）的直饮水商务机。

6.4.1　净水工艺设计

本工程设计采用直饮水商务机反渗透（RO）工艺。RO 工艺技术是利用给水加压通过超薄渗透膜，使原水由高含盐量降到低含盐量的过程，可去除水中绝大部分有害物质、重金属、可溶性固体，只有水分子能透过渗透薄膜而成为优质净水。其工艺流程如图 6-23 所示，工程供水系统见图 6-24。

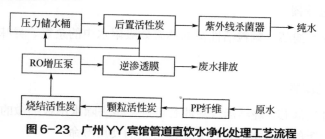

图 6-23　广州 YY 宾馆管道直饮水净化处理工艺流程

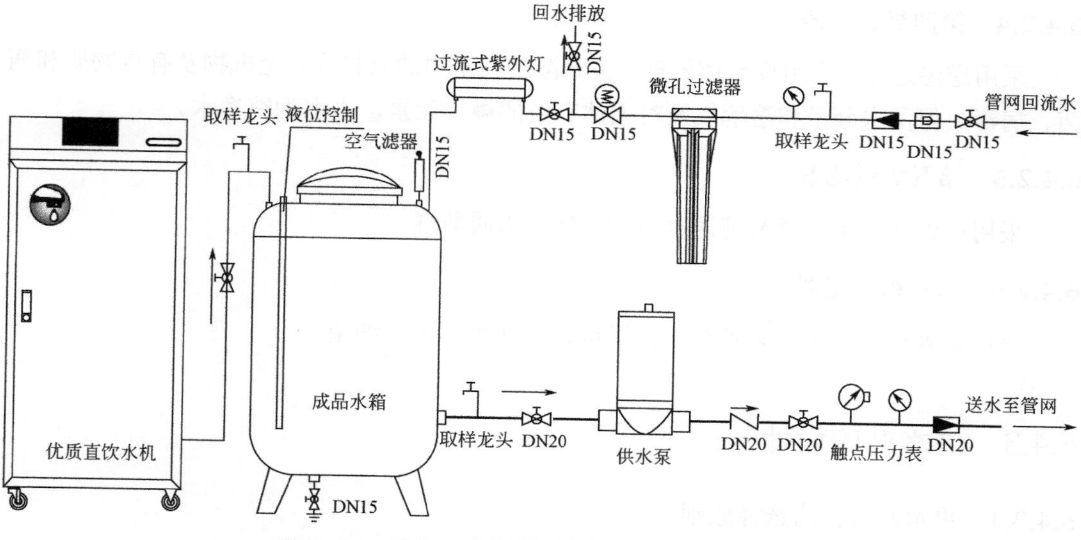

图 6-24　广州 YY 宾馆管道直饮水工程供水系统图

该工艺流程具有以下优势。

① 工艺流程组合整体性和互补性相统一。每个水处理单元充分发挥各自功能，同时又具有互补性，前一级处理为后一级处理做准备，使后一级处理效果更明显。

② 活性炭过滤及 RO 主机运行稳定，且运行费用低。

③ 管网回水消毒过滤吸附后返回用户网，保证整个系统的水质。

④ 整个系统自动控制，操作简便。

⑤ 采用变频供水方式，减少占地面积，节省电耗。

⑥ 整个系统实行水质在线检测，运行状态直观明了。

6.4.2 主要设备选型

6.4.2.1 第一级过滤器

采用熔喷式纤维滤芯。熔喷式纤维滤芯能滤除水中的沙石、铁锈、铜锈、淤泥、磷污、渣质等。

6.4.2.2 第二级过滤器

采用颗粒活性炭滤芯。颗粒活性炭滤芯有效吸附水中的余氯、异味、异色、有机物、重金属等。

6.4.2.3 第三级过滤器

采用烧结活性炭滤芯。烧结活性炭滤芯可进一步去除水中极细微的颗粒、胶体、悬浮物等，保证逆渗透膜的进水水质，延长逆渗透膜的使用寿命。

6.4.2.4 第四级过滤器

采用逆渗透膜。利用反渗透原理，去除溶解在水中的有机物、无机物及有毒物质和病菌、病毒，保留水分子和溶解氧及对人体有益的微量元素，出水为纯净水。

6.4.2.5 第五级过滤器

采用后置活性炭，调节纯净水口感，保持水质新鲜。

6.4.2.6 第六级过滤器

采用紫外线杀菌器。紫外线杀菌器可以杀死水中再生细菌。

6.4.3 供水站的设计

6.4.3.1 供水站位置的选择原则

① 不影响建筑的美观。

② 所占位置的经济价值较低。

③ 不影响小区内正常的工作与使用。

④ 便于供水站的水电供应以及通风采光的要求。

⑤ 便于小区内的管网布置，节约管材。

⑥ 利于小区内管网压力平衡。

⑦ 供水站不得同中水与污水处理、有污染物品堆放的房间相邻。

⑧ 严禁与制水无关的管道通过供水站。

⑨ 供水站不得设置卫生间。

综上，结合建筑规划选择供水站的位置，供水站预设在空调鲜风房内。

6.4.3.2 供水站的布置

供水站选用直饮水商务机模式。供水站内设有通风设施、原水接口（闸门和水表）、排水出口、照明及动力电源。

水处理设备运行为 PLC 编程自动控制，其中控制系统具备水压控制、自动消毒、缺水保护、故障报警等多种自动控制功能。

6.4.3.3 监测、控制系统

本工程制水部分采用 YMSR-400G 豪华型商用直饮机，控制部分采用价格经济、性能可靠的无锡信捷品牌 FC-16R-E 型 PLC，共 3 个数字输入点、5 个数字输出点，无模拟量输入点。采用信捷 TP460-L 触摸屏，配置 TP-LINK 品牌 TM-EC5658V 型 MODEM 用于远程监控。电气原理见图 6-25。

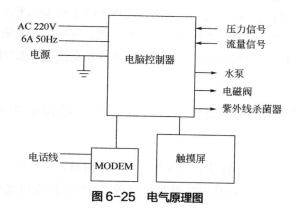

图 6-25 电气原理图

本控制系统的独特之处在于：

① 使用民用建筑中通用易见的交流 220V 单相电源。而非交流 380V 三相电源。

② 使用压力开关检测储水罐压力，而不是通过液位开关或液位变送器对储水水箱进行液位检测与联动控制。

③ 增加耗材寿命监测。耗材包括泥沙过滤器、异味去除器、精密过滤器、反渗透处理器、口感调节器、终端杀菌器。同时用时间、流量两种方式监测耗材的使用寿命。使用转子式流量计检测流量信号，统计产水主机累计已产水的流量。当某耗材累计使用日数达到预设日数，或耗材累计流量达到预设流量时，则提示该耗材应进行更换了。

④ 增加操作密码权限和密码修改功能。可防止无关人员操作机器。本系统有自动与维护两种运行模式。自动模式为日常工作模式，系统按照既定的程序进行预处理、制水、冲洗等。维护模式用于经授权的人员在更换耗材后重设或修改耗材的使用寿命参数，以及

进行手动操作、强行冲洗、修改维护密码等。

6.4.4 管网设计

6.4.4.1 供水方式

根据建筑物高度和供水站所设位置,本饮用水供水系统设计为一个压力系统。整个饮用水系统采用变频供水,在供水站的循环回水管道上设置有手动阀门和电磁阀,以控制系统的循环流量和循环运行的自动启闭。

6.4.4.2 供水管网

室内管道系统直饮水由直饮水商务机供给,分别在每个房间内配个饮水点。系统在最高处设置自动排气阀,排空管道系统中的空气,以免影响系统的供水。

6.4.4.3 回水管网

供水管网的回水管道均按枝状管网方式布置,以利于系统的回水。整个系统的回水回到供水站的成品水箱内,避免二次污染。回水流量按供水流量的30%考虑。系统的回水管道,经粗略计算及调整,使每个管段的水压尽可能达到均衡。同时,在系统调试时,通过调节管网的阀门进一步平衡每个管段的水压,并设置回水阀确保系统各个部位的回水都能顺畅。

6.4.4.4 阀门设置

管道上的阀门设置以方便检修及检修时对住户影响最小为原则,并考虑投资方面等因素。

6.4.4.5 系统材料选用

本着安全可靠、节约投资的原则,推荐使用以下材料:
① 阳光暴晒的外露管道采用 PPR 管加保温棉,其他部位采用优质的 PPR 管,管道连接采用 PPR 管件和不锈钢管件;
② 减压阀采用可调式铜质减压阀;
③ 排气阀采用铜质自动排气阀;
④ 供水站内使用不锈钢管、管件、阀门。

6.4.5 直饮水系统冲洗、消毒与验收

原水冲洗:采用大流量高速水流进行反洗,冲洗出口的水质与进水相当为止。

直饮水系统经冲洗后,用含高浓度有效氯的水灌满管道进行消毒,含氯水在管中滞留24h 以上。

管道消毒后,再用饮用水冲洗,并经卫生监督管理部门取样检验,水质符合现行的卫生标准后,方能交付使用。

6.5
办公楼管道直饮水系统工程实践

办公楼是企事业单位工作人员从事日常行政、规划、设计和管理等类型工作的场所。员工在办公楼的工作时间较长，必然需要饮水。提供优质饮用水，不仅满足员工的安全饮水需求，还能体现企事业单位对员工的人文关怀，提高工作效率，彰显办公场所的高档次服务水平。因此，办公楼构建管道直饮水系统已成为一种时尚。

广州 XF 办公楼是 1 栋 12 层的办公楼，其还附属 2 层的附楼，可以容纳 500 人办公，于 2014 年建成管道直饮水系统。

6.5.1 直饮水站规模

XF 办公楼直饮水用水标准按 3L/(人·d) 设计，500 人，总用水量为 1.5m³/d，最大小时用水量为 250L/h，平均小时用水量为 62.5L/h。该直饮水站的净水规模为 6.0m³/d。

6.5.2 净水工艺设计

根据原水水质情况及单位需求，本工程采用臭氧氧化+活性炭+反渗透组合净水工艺。

臭氧化采用纯氧作为气源，对自来水进行臭氧氧化，有效地将一些难于被生物降解和活性炭吸附的大分子有机物氧化分解为易于降解和吸附的小分子有机物或 H_2O、CO_2 等，增强后续活性炭吸附和生物降解的效果。臭氧和活性炭联用组成生物活性炭，将增强活性炭吸附能力和生物降解能力，并延长活性炭的使用寿命。

反渗透能去除溶解在水中的有机物、无机物、重金属、细菌、病毒等，出水为纯净水，符合人们对洁净水的追求。膜出水采用臭氧进行强化消毒，保证供水健康、安全。

该工艺流程具备整体性和互补性相统一。各种水处理技术发挥各自功能的同时具有互补性，前一级处理为后一级处理做准备，使后一级处理效果更明显。其供水系统如图 6-26 所示，净水工艺流程如图 6-27 所示。

6.5.3 净水站平面布置

净水站设于主楼 B 面层，净水设备处理能力为 6.0m³/d，设备最大高度为 3.8m，设备最大直径为 φ1000mm，送水泵最大供水能力为 2m/h，采用恒压变频技术控制。其平面布置见图 6-28，图 6-28 中主要设备清单见表 6-14。

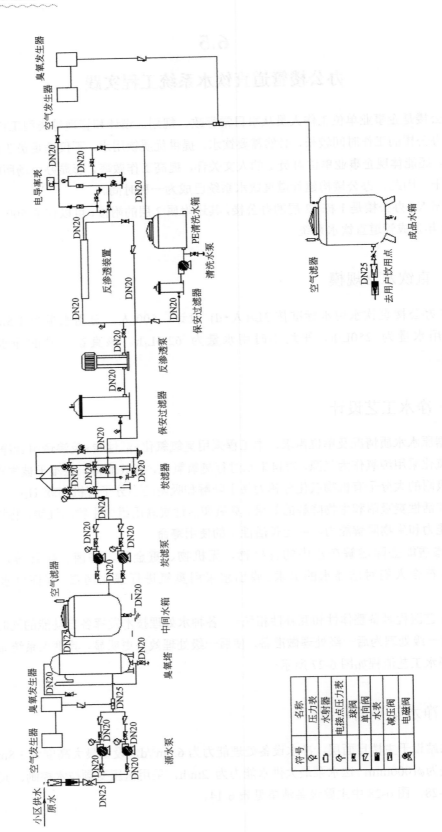

图 6-26 XF 办公楼管道直饮水工程供水系统图

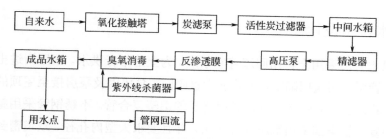

图 6-27　XF 办公楼管道直饮水净化处理工艺流程图

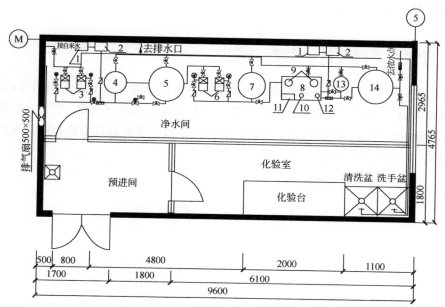

图 6-28　XF 办公楼管道直饮水工程净水站设备平面布置图（单位：mm）

表 6-14　净水站主要设备一览表

编号	设备名称	规格型号	单位	数量
1	空气发生器	6g/h	台	2
2	臭氧发生器	6g/h	台	2
3	源水泵	0.75kW	台	2
4	臭氧塔	250mm×3000mm	台	1
5	中间水箱	1200mm×1900mm	台	1
6	炭滤泵	CHI2-20	台	2
7	炭滤器	300mm×1900mm	台	1
8	反渗透装置	0.25t/h	台	1
9	保安过滤器	5u	台	2
10	反渗透泵	CHI2-50	台	1
11	电气控制箱	PLC 控制	套	1
12	清洗水泵	CHI2-20	台	1
13	PE 水箱	PE-300	台	1
14	净水箱	1200mm×1900mm	台	1

6.5.4 供水管网设计

该系统供水管网采用全封闭回流管网系统,为上给下行供水。减压阀进出端各设置一个压力表,立管两端用阀门隔断,干管前设置阀门。泵房内及泵房接至屋顶的给水干管采用不锈钢管。其他室内立管及支管均采用优质的铝塑复合管。不锈钢管采用氩弧焊接或法兰连接,铝塑复合管全部采用铜质管件接头,并且要求大型内孔径、双道密封圈的优质管件。给水主管布置在管井,回水管走日花吊顶,顶层水平管宜沿墙在隔热板下设置。暗埋管道中间不准有接口存在。

6.5.5 直饮水系统冲洗、消毒与验收

原水冲洗:采用大流量高速水流进行反洗,冲洗出口的水质与进水相当为止。

直饮水系统经冲洗后,用含高浓度有效氯的水灌满管道进行消毒,含氯水在管中滞留24h以上。管道消毒后,再用饮用水冲洗,并经卫生监督管理部门取样检验,水质符合现行的标准后,方能交付使用。

附录 1 生活饮用水卫生标准

《生活饮用水卫生标准》（GB 5749—2006）是 2006 年由我国卫生部、建设部、水利部、国土资源部和国家环境保护总局提出，国家卫生部和国家标准化管理委员会于 2006 年 12 月 29 日发布，从 2007 年 7 月 1 日起实施。

该标准的主要内容摘录如下：

1. 范围

本标准规定了生活饮用水水质卫生要求、生活饮用水水源水质卫生要求、集中式供水单位卫生要求、二次供水卫生要求，涉及生活饮用水卫生安全产品卫生要求、水质监测和水质检验方法。

本标准适用于城乡各类集中式供水的生活饮用水，也适用于分散式供水的生活饮用水。

2. 规范性引用文件

下列文件中的条款通过本标准的引用而成为本标准的条款。凡是标注日期的引用文件，其随后所有的修改单（不包括勘误内容）或修订版均不适用于本标准，然而，鼓励根据本标准达成协议的各方研究是否可使用这些文件的最新版本。凡是不注日期的引用文件、其最新版本适用于本标准。

GB 3838   地表水环境质量标准

GB/T 5750   （所有部分）生活饮用水标准检验方法

GB/T 14848   地下水质量标准

GB 17051   二次供水设施卫生规范

GB/T 17218   饮用水化学处理剂卫生安全性评价

GB/T 17219   生活饮用水输配水设备及防护材料的安全性评价标准

CJ/T 206   城市供水水质标准

SL 308   村镇供水单位资质标准

生活饮用水集中式供水单位卫生规范   卫生部

3. 术语和定义

下列术语和定义适用于本标准。

3.1 生活饮用水 drinking water

供人生活的饮水和生活用水。

3.2 供水方式 type of water supply

3.2.1 集中式供水 central water supply

自水源集中取水，通过输配水管网送到用户或者公共取水点的供水方式，包括自建设施供水。为用户提供日常饮用水的供水站和为公共场所、居民社区提供的分质供水也属于集中式供水。

3.2.2 二次供水 secondary water supply

集中式供水在入户之前经再度储存、加压和消毒或深度处理，通过管道或容器输送给用户的供水方式。

3.2.3 小型集中式供水 small central water supply

农村日供水在 1000m³ 以下（或供水人口在 1 万人以下）的集中式供水。

3.2.4 分散式供水 non-central water supply

分散居户直接从水源取水，无任何设施或仅有简易设施的供水方式。

3.3 常规指标 regular indices

能反映生活饮用水水质基本状况的水质指标。

3.4 非常规指标 non-regular indices

根据地区、时间或特殊情况需要实施的生活饮用水水质指标。

4. 生活饮用水水质卫生要求

4.1 生活饮用水水质应符合下列基本要求，保证用户饮用安全。

4.1.1 生活饮用水中不得含有病原微生物。

4.1.2 生活饮用水中化学物质不得危害人体健康。

4.1.3 生活饮用水中放射性物质不得危害人体健康。

4.1.4 生活饮用水的感官性状良好。

4.1.5 生活饮用水应经消毒处理。

4.1.6 生活饮用水水质应符合附表 1-1 和附表 1-3 卫生要求。集中式供水出厂水中消毒剂限值，出厂水和管网末梢水中消毒剂余量均应符合附表 1-2 要求。

4.1.7 小型集中式供水和分散式供水因条件限制，水质部分指标可暂按附表 1-4 执行，其余指标仍按附表 1-1、附表 1-2 和附表 1-3 执行。

4.1.8 当发生影响水质的突发性公共事件时，经市级以上人民政府批准，感官性状和一般化学指标可适当放宽。

4.1.9 当饮用水中含有附录 A 附表 A.1 所列指标时，可参考此表限值评价。

附表 1-1　水质常规指标及限值

指　　标	限　值
1.微生物指标[①]	
总大肠菌群/(MPN/100mL 或 CFU/100mL)	不得检出
耐热大肠菌群/(MPN/100mL 或 CFU/100mL)	不得检出
大肠埃希菌/(MPN/100mL 或 CFU/100mL)	不得检出
菌落总数/(CFU/mL)	100
2.毒理指标	
砷/(mg/L)	0.01
镉/(mg/L)	0.005

续表

指　标	限　值
2.毒理指标	
铬(六价)/(mg/L)	0.05
铅/(mg/L)	0.01
汞/(mg/L)	0.001
硒/(mg/L)	0.01
氰化物/(mg/L)	0.05
氟化物/(mg/L)	1.0
硝酸盐(以 N 计)/(mg/L)	10 地下水源限制时为 20
三氯甲烷/(mg/L)	0.06
四氯化碳/(mg/L)	0.002
溴酸盐(使用臭氧时)/(mg/L)	0.01
甲醛(使用臭氧时)/(mg/L)	0.9
亚氯酸盐(使用二氧化氯消毒时)/(mg/L)	0.7
氯酸盐(使用复合二氧化氯消毒时)/(mg/L)	0.7
3.感官性状和一般化学指标	
色度(铂钴色度单位)	15
浑浊度(散射浑浊度单位)/NTU	1 水源与净水技术条件限制时为 3
臭和味	无异臭、异味
肉眼可见物	无
pH	不小于 6.5 且不大于 8.5
铝/(mg/L)	0.2
铁/(mg/L)	0.3
锰/(mg/L)	0.1
铜/(mg/L)	1.0
锌/(mg/L)	1.0
氯化物/(mg/L)	250
硫酸盐/(mg/L)	250
溶解性总固体/(mg/L)	1000
总硬度(以 $CaCO_3$ 计)/(mg/L)	450
耗氧量(COD_{Mn}法,以 O_2 计)/(mg/L)	3 水源限制，原水耗氧量＞6mg/L 时为 5
挥发酚类(以苯酚计)/(mg/L)	0.002
阴离子合成洗涤剂/(mg/L)	0.3
4.放射性指标[②]	指导值
总 α放射性/(Bq/L)	0.5
总β放射性/(Bq/L)	

① MPN 表示最可能数；CFU 表示菌落形成单位。当水样检出总大肠菌群时，应进一步检验大肠埃希菌或耐热大肠菌群；水样未检出总大肠菌群，不必检验大肠埃希菌或耐热大肠菌群。

② 放射性指标超过指导值，应进行核素分析和评价，判定能否饮用。

附表 1-2 饮用水中消毒剂常规指标及要求

消毒剂名称	与水接触时间/min	出厂水中限值/(mg/L)	出厂水中余量/(mg/L)	管网末梢水中余量/(mg/L)
氯气及游离氯制剂（游离氯）	≥30	4	≥0.3	≥0.05
一氯胺（总氯）	≥120	3	≥0.5	≥0.05
臭氧（O_3）	≥12	0.3	—	0.02 如加氯，总氯≥0.05
二氧化氯（ClO_2）	≥30	0.8	≥0.1	≥0.02

附表 1-3 水质非常规指标及限值

指　标	限　值
1.微生物指标	
贾第鞭毛虫/(个/10L)	<1
隐孢子虫/(个/10L)	<1
2.毒理指标	
锑/(mg/L)	0.005
钡/(mg/L)	0.7
铍/(mg/L)	0.002
硼/(mg/L)	0.5
钼/(mg/L)	0.07
镍/(mg/L)	0.02
银/(mg/L)	0.05
铊/(mg/L)	0.0001
氯化氰(以 CN^- 计)/(mg/L)	0.07
一氯二溴甲烷/(mg/L)	0.1
二氯一溴甲烷/(mg/L)	0.06
二氯乙酸/(mg/L)	0.05
1,2-二氯乙烷/(mg/L)	0.03
二氯甲烷/(mg/L)	0.02
三卤甲烷(三氯甲烷、一氯二溴甲烷、二氯一溴甲烷、三溴甲烷的总和)	该类化合物中各种化合物的实测浓度与其各自限值的比值之和不超过 1
1,1,1-三氯乙烷/(mg/L)	2
三氯乙酸/(mg/L)	0.1
三氯乙醛/(mg/L)	0.01
2,4,6-三氯酚/(mg/L)	0.2
三溴甲烷/(mg/L)	0.1
七氯/(mg/L)	0.0004
马拉硫磷/(mg/L)	0.25
五氯酚/(mg/L)	0.009
六六六(总量)/(mg/L)	0.005
六氯苯/(mg/L)	0.001

续表

指　标	限　值
2.毒理指标	
乐果/(mg/L)	0.08
对硫磷/(mg/L)	0.003
灭草松/(mg/L)	0.3
甲基对硫磷/(mg/L)	0.02
百菌清/(mg/L)	0.01
呋喃丹/(mg/L)	0.007
林丹/(mg/L)	0.002
毒死蜱/(mg/L)	0.03
草甘膦/(mg/L)	0.7
敌敌畏/(mg/L)	0.001
莠去津/(mg/L)	0.002
溴氰菊酯/(mg/L)	0.02
2,4-滴/(Bq/L)	0.03
滴滴涕/(Bq/L)	0.001
乙苯/(mg/L)	0.3
二甲苯(总量)/(mg/L)	0.5
1,1-二氯乙烯/(mg/L)	0.03
1,2-二氯乙烯/(mg/L)	0.05
1,2-二氯苯/(mg/L)	1
1,4-二氯苯/(mg/L)	0.3
三氯乙烯/(mg/L)	0.07
三氯苯(总量)/(mg/L)	0.02
六氯丁二烯/(mg/L)	0.0006
丙烯酰胺/(mg/L)	0.0005
四氯乙烯/(mg/L)	0.04
甲苯/(mg/L)	0.7
邻苯二甲酸二(2-乙基己基)酯/(mg/L)	0.008
环氧氯丙烷/(mg/L)	0.0004
苯/(mg/L)	0.01
苯乙烯/(mg/L)	0.02
苯并[*a*]芘/(mg/L)	0.00001
氯乙烯/(mg/L)	0.005
氯苯/(mg/L)	0.3
微囊藻毒素-LR/(mg/L)	0.001
3. 感官性状和一般化学指标	
氨氮(以 N 计)/(mg/L)	0.5
硫化物/(mg/L)	0.02
钠/(mg/L)	200

附表 1-4　小型集中式供水和分散式供水部分水质指标及限值

指　标	限　值
1.微生物指标	
菌落总数/(CFU/mL)	500
2.毒理指标	
砷/(mg/L)	0.05
氟化物/(mg/L)	1.2
硝酸盐(以 N 计)/(mg/L)	20
3.感官性状和一般化学指标	
色度(铂钴色度单位)	20
浑浊度(散射浑浊度单位)/NTU	3 水源与净水技术条件限制时为 5
pH 值	不小于 6.5 且不大于 9.5
溶解性总固体/(mg/L)	1500
总硬度(以 CaCO$_3$ 计)/(mg/L)	550
耗氧量(COD$_{Mn}$法,以 O$_2$ 计)/(mg/L)	5
铁/(mg/L)	0.5
锰/(mg/L)	0.3
氯化物/(mg/L)	300
硫酸盐/(mg/L)	300

5. 生活饮用水水源水质卫生要求

5.1　采用地表水为生活饮用水水源时应符合 GB 3838 要求。

5.2　采用地下水为生活饮用水水源时应符合 GB/T 14848 要求。

6. 集中式供水单位卫生要求

集中式供水单位的卫生要求应按照卫生部《生活饮用水集中式供水单位卫生规范》执行。

7. 二次供水卫生要求

二次供水的设施和处理要求应按照 GB 17051 执行。

8. 涉及生活饮用水卫生安全产品卫生要求

8.1　处理生活饮用水采用的絮凝、助凝、消毒、氧化,吸附、pH 调节、防锈、阻垢等化学处理剂不应污染生活饮用水,应符合 GB/T 17218 要求。

8.2　生活饮用水的输配水设备、防护材料和水处理材料不应污染生活饮用水,应符合 GB/T 17219 要求。

9. 水质监测

9.1　供水单位的水质检测

9.1.1　供水单位的水质非常规指标选择由当地县级以上供水行政主管部门和卫生行政部

门协商确定。

9.1.2　城市集中式供水单位水质检测的采样点选择、检验项目和频率、合格率计算按照 CJ/T 206 执行。

9.1.3　村镇集中式供水单位水质检测的采样点选择、检验项目和频率、合格率计算按照 SL 308 执行。

9.1.4　供水单位水质检测结果应定期报送当地卫生行政部门，报送水质检测结果的内容和办法由当地供水行政主管部门和卫生行政部门商定。

9.1.5　当饮用水水质发生异常时应及时报告当地供水行政主管部门和卫生行政部门。

9.2　卫生监督的水质监测

9.2.1　各级卫生行政部门应根据实际需要定期对各类供水单位的供水水质进行卫生监督、监测。

9.2.2　当发生影响水质的突发性公共事件时，由县级以上卫生行政部门根据需要确定饮用水监督、监测方案。

9.2.3　卫生监督的水质监测范围、项目、频率由当地市级以上卫生行政部门确定。

10．水质检验方法

生活饮用水水质检验应按照 GB/T 5750（所有部分）执行。

附录 A

（资料性附录）

生活饮用水水质参考指标及限值见附表 A.1。

附表 A.1　生活饮用水水质参考指标及限值

指标	限值
肠球菌/(CFU/100 mL)	0
产气荚膜梭状芽孢杆菌/(CFU/100 mL)	0
二(2-乙基己基)己二酸酯/(mg/L)	0.4
二溴乙烯/(mg/L)	0.00005
二噁英(2,3,7,8-TCDD)/(mg/L)	0.00000003
土臭素(二甲基萘烷醇)/(mg/L)	0.00001
五氯丙烷/(mg/L)	0.03
双酚 A/(mg/L)	0.01
丙烯腈/(mg/L)	0.1
丙烯酸/(mg/L)	0.5
丙烯醛/(mg/L)	0.1
四乙基铅/(mg/L)	0.0001
戊二醛/(mg/L)	0.07
甲基异莰醇-2/(mg/L)	0.00001

续表

指标	限值
石油类(总量)/(mg/L)	0.3
石棉(>10μm)/(万个/L)	700
亚硝酸盐/(mg/L)	1
多环芳烃(总量)/(mg/L)	0.002
多氯联苯(总量)/(mg/L)	0.0005
邻苯二甲酸二乙酯/(mg/L)	0.3
邻苯二甲酸二丁酯/(mg/L)	0.003
环烷酸/(mg/L)	1.0
苯甲醚/(mg/L)	0.05
总有机碳(TOC)/(mg/L)	5
β-萘酚/(mg/L)	0.4
丁基黄原酸/(mg/L)	0.001
氟化乙基汞/(mg/L)	0.0001
硝基苯/(mg/L)	0.017

附录 2　饮用净水水质标准

《饮用净水水质标准》（CJ 94—2005）是 2005 年由我国建设部标准定额研究所提出，由建设部给水排水产品标准化技术委员会归口。

该标准的主要内容摘录如下：

1. 范围

本标准规定了饮用净水的水质标准。

本标准适用于已符合生活饮用水水质标准的自来水或水源水为原水，经在净化后可供给用户直接饮用的管道直饮水。

2. 规范性引用文件

下列文件中的条款通过本标准的引用而成为本标准的条款。凡是注日期的引用文件。其随后所有的修改单（不包括勘误的内容）或修订版均不适用于本标准。然而，鼓励根据本标准达成协议的各方研究是否可使用这些文件的最新版本。凡是不注日期的引用文件，其最新版本适用于本标准。

《城市供水水质标准》（CJ/T 206—2005）。

《生活饮用水标准检测法》（GB 5750—1985）。

3. 水质标准

饮用净水水质不应超过附表 2-1 中规定的限值。

附表 2-1　饮用净水水质标准

项目		限值
感官性状	色	5 度
	浑浊度	0.5NTU
	臭和味	无异臭、异味
	肉眼可见物	无
一般化学指标	pH 值	6.0～8.5
	总硬度（以 $CaCO_3$ 计）	300mg/L
	铁	0.20mg/L
	锰	0.05mg/L
	铜	1.0mg/L
	锌	1.0mg/L
	铝	0.20mg/L
	挥发性酚类（以苯酚计）	0.002mg/L
	阴离子合成洗涤剂	0.20mg/L
	硫酸盐	100mg/L
	氯化物	100mg/L
	溶解性总固体	500mg/L
	耗氧量（COD_{Mn}，以 O_2 计）	2.0mg/L
毒理学指标	氟化物	1.0mg/L
	硝酸盐氮（以 N 计）	10mg/L
	砷	0.01mg/L
	硒	0.01mg/L
	汞	0.001mg/L
	镉	0.003mg/L
	铬（六价）	0.05mg/L
	铅	0.01mg/L
	银（采用载银活性炭时测定）	0.05mg/L
	氯仿	0.03mg/L
	四氯化碳	0.002mg/L
	亚氯酸盐（采用 ClO_2 消毒时测定）	0.70mg/L
	氯酸盐（采用 ClO_2 消毒时测定）	0.70mg/L
	溴酸盐（采用 O_3 消毒时测定）	0.01mg/L
	甲醛（采用 O_3 消毒时测定）	0.90mg/L

续表

项目		限值
细菌学指标	细菌总数	50CFU/mL
	总大肠菌群	每 100mL 水样中不得检出
	粪大肠菌群	每 100mL 水样中不得检出
	余氯	0.01mg/L（管网末梢水）[①]
	臭氧（采用 O_3 消毒时测定）	0.01mg/L（管网末梢水）[①]
	二氧化氯（采用 ClO_2 消毒时测定）	0.01mg/L（管网末梢水）[①] 或余氯 0.01mg/L（管网末梢水）

① 该项目的检出限，实测浓度应不小于检出限。

4. 水质检验

4.1　水质检验方法应按《生活饮用水标准检验法》（GB 5750—1985）、《生活饮用水卫生规范》（2001）执行。

4.1.1　溴酸盐和氯酸盐项目检测参照 CJ/T 206—2005 执行。

4.1.2　臭氧项目的检测宜采用靛蓝三磺酸试剂法。

附录 3　建筑与小区管道直饮水系统技术规程

　　《建筑与小区管道直饮水系统技术规程》（CJJ/T 110—2017）是 2017 年 5 月 15 日由我国住房和城乡建设部标准定额研究所发布，自 2017 年 11 月 1 日起实施。本规程由住房和城乡建设部负责管理。

　　该规程的主要内容摘录如下：

1. 总则

1.0.1　为规范建筑与小区管道直饮水系统工程的设计、施工、验收、运行维护和管理，确保系统安全卫生、技术先进、经济合理，制定本规程。

1.0.2　本规程适用于民用建筑与小区管道直饮水系统设计、施工、验收、运行维护和管理。

1.0.3　建筑与小区管道直饮水系统采用的管材、管件、设备、辅助材料等应符合国家现行标准的规定，卫生性能应符合现行国家标准《生活饮用水输配水设备及防护材料的安全性评价标准》（GB/T 17219）的规定。

1.0.4　建筑与小区管道直饮水系统的设计、施工、验收、运行维护和管理，除应符合本规程外，尚应符合国家现行有关标准的规定。

2. 术语和符号

2.1　术语

2.1.1　管道直饮水系统　pipe system for fine drinking water

　　原水经过深度净化处理达到标准后，通过管道供给人们直接饮用的供水系统。

2.1.2 原水 raw water

未经深度净化处理的城镇自来水或符合生活饮用水水源标准的其他水源。

2.1.3 产品水 product water

原水经深度净化、消毒等集中处理后供给用户的直接饮用水。

2.1.4 瞬时高峰用水量（或流量）instantaneous peak flow rate

用水量最集中的某一时段内，在规定的时间间隔内的平均流量。

2.1.5 水嘴使用概率 tab use probability

用水高峰时段，水嘴相邻两次用水期间，从第一次放水开始到第二次放水结束的时间间隔内放水时间所占的比率。

2.1.6 循环流量 circulating flow

循环系统中周而复始流动的水量。其值根据系统工作制度、系统容积与循环时间确定。

2.1.7 深度净化处理 advanced water treatment

对原水进行的进一步处理过程。去除有机污染物（包括"三致"物质和消毒副产物）、重金属、微生物等。

2.1.8 KDF 处理 kinetic degradation fluxion process

采用高纯度铜、锌合金滤料，通过与水接触后发生电化学氧化-还原反应，有效去除水中氯和重金属，抑制水中微生物生长繁殖的处理方法。

2.1.9 膜污染密度指标（SDI） silt density index

用来表示进水中悬浮物、胶体物质的浓度和过滤特性的数值。

2.1.10 水质在线监测系统 water quality on-line monitoring system

运用水质在线分析仪、自动控制技术、计算机技术并配以专业软件，组成一个从取样、预处理、分析到数据处理及存储的完整系统，从而实现对水质样品的在线自动监测。

2.2 符号

2.2.1 流量

Q_b——水泵设计流量；

Q_d——系统最高日直饮水量；

Q_j——净水设备产水量；

q_d——最高日直饮水定额；

q_0——水嘴额定流量；

q_s——瞬时高峰用水量；

q_x——循环流量。

2.2.2 水压、水头损失

$\sum h$——最不利水嘴到净水箱（槽）的管路总水头损失；

h_0——最低工作压力；

H_b——水泵设计扬程。

2.2.3 几何特征

V——闭式循环回路上供回水系统的总容积；

V_j——净水箱（槽）有效容积；

V_y——原水调节水箱容积；

Z——最不利水嘴与净水箱（槽）最低水位的几何高差。

2.2.4 计算系数

k——中间变量；

k_j——容积经验系数；

m——瞬时高峰用水时水嘴使用数量；

N——系统服务的人数；

n——水嘴数量；

n_e——水嘴折算数量；

p——水嘴使用概率；

p_e——新的计算概率值；

T_1——循环时间；

T_2——最高日设计净水设备累计工作时间；

P_n——不多于 m 个水嘴同时用水的概率；

α——经验系数。

3. 水质、水量和水压

3.0.1 建筑与小区管道直饮水系统用户端的水质应符合现行行业标准《饮用净水水质标准》（CJ 94）的规定。

3.0.2 最高日直饮水定额可按附表 3-1 采用。

附表 3-1 最高日直饮水定额（q_d）

用水场所	单位	最高日直饮水定额
住宅楼、公寓	L/(人·d)	2.0～2.5
办公楼	L/(人·班)	1.0～2.0
教学楼	L/(人·d)	1.0～2.0
旅馆	L/(床·d)	2.0～3.0
医院	L/(床·d)	2.0～3.0
体育场馆	L/(观众·场)	0.2
会展中心（博物馆、展览馆）	L/(人·d)	0.4
航站楼、火车站、客运站	L/(人·d)	0.2～0.4

注：1. 本表中定额仅为饮用水量；

2. 经济发达地区的居民住宅楼可提高至 4～5L/(人·d)；

3. 最高日直饮水定额亦可根据用户要求确定。

3.0.3 直饮水专用水嘴额定流量宜为 0.04～0.06 L/s。

3.0.4 直饮水专用水嘴最低工作压力不宜小于 0.03MPa。

4. 水处理

4.0.1 建筑与小区管道直饮水系统应对原水进行深度净化处理。

4.0.2 水处理工艺流程的选择应依据原水水质,经技术经济比较确定。处理后的出水应符合现行行业标准《饮用净水水质标准》(CJ 94)的规定。

4.0.3 水处理工艺流程应合理,并应满足处理设备节能、自动化程度高、布置紧凑、管理操作简便、运行安全可靠等要求。

4.0.4 深度净化处理应根据处理后的水质标准和原水水质进行选择,宜采用膜处理技术。

4.0.5 不同的膜处理应相应配套预处理、后处理和膜的清洗设施,并应符合下列规定:

　　① 预处理可采用多介质过滤器、活性炭过滤器、精密过滤器、钠离子交换器、微滤、KDF 处理、化学处理或膜过滤等;

　　② 后处理可采用消毒灭菌或水质调整处理;

　　③ 膜的清洗可采用物理清洗或化学清洗,可根据不同的膜组件及膜污染类型进行系统配套设计。

4.0.6 水处理消毒灭菌可采用紫外线、臭氧、氯、二氧化氯、光催化氧化技术等,并应符合下列规定:

　　① 选用紫外线消毒时,紫外线有效剂量不应低于 $40mJ/cm^3$。紫外线消毒设备应符合现行国家标准《城市给排水紫外线消毒设备》(GB/T 19837)的规定。

　　② 采用臭氧消毒时,管网末梢水中臭氧残留浓度不应小于 0.01mg/L。

　　③ 采用二氧化氯消毒时,管网末梢水中二氧化氯残留浓度不应小于 0.01mg/L。

　　④ 采用氯消毒时,管网末梢水中氯残留浓度不应小于 0.01mg/L。

　　⑤ 采用光催化氧化技术时,应能产生羟基自由基。

　　⑥ 消毒方法可组合使用。

　　⑦ 消毒灭菌设备应安全可靠,投加量精准,并应有报警功能。

4.0.7 深度净化处理系统排出的浓水宜回收利用。

5. 系统设计

5.0.1 建筑与小区管道直饮水系统必须独立设置。

5.0.2 建筑物内部和外部供回水系统的形式应根据小区总体规划和建筑物性质、规模、高度以及系统维护管理和安全运行等条件确定。

5.0.3 建筑与小区管道直饮水系统供水宜采用下列方式:

　　① 调速泵供水系统,调速泵可兼作循环泵;

　　② 处理设备置于屋顶的水箱重力式供水系统,系统应设循环泵。

5.0.4 净水机房应单独设置,且宜靠近集中用水点。

5.0.5 高层建筑管道直饮水供水应竖向分区,分区压力应符合下列规定:

① 住宅各分区最低饮水嘴处的静水压力不宜大于 0.35MPa；

② 公共建筑各分区最低饮水嘴处的静水压力不宜大于 0.40MPa；

③ 各分区最不利饮水嘴的水压，应满足用水水压的要求。

5.0.6 居住小区集中供水系统可在净水机房内设分区供水泵或设不同性质建筑物的供水泵，或在建筑物内设减压阀竖向分区供水。

5.0.7 建筑与小区管道直饮水系统设计应没循环管道，供回水管网应设计为同程式。

5.0.8 建筑物内高区和低区供水管网的回水管连接至同一循环回水干管时，高区回水管上应设置减压稳压阀。并应保证各区管网的循环。

5.0.9 建筑与小区管道直饮水系统宜采用定时循环，供配水系统中的直饮水停留时间不应超过 12h。

5.0.10 配水管网循环立管上端和下端应设阀门，供水管网应设检修阀门。在管网最低端应设排水阀，管道最高处应设排气阀。排气阀处应有滤菌、防尘装置。排水阀和排气阀设置处不得有死水存留现象，排水口应有防污染措施。

5.0.11 建筑与小区管道直饮水系统回水宜回流至净水箱或原水水箱。回流到净水箱时，应在消毒设施前接入。采用供水泵兼作循环泵使用的系统时，循环回水管上应设置循环回水流量控制阀。

5.0.12 居住小区集中供水系统中，每幢建筑的循环同水管接至室外回水管之前宜采用安装流量平衡阀等措施。

5.0.13 不循环的支管长度不宜大于 6m。

5.0.14 管道不应靠近热源敷设。除敷设在建筑垫层内的管道外均应做隔热保温处理。

5.0.15 管材、管件和计量水表的选择应符合下列规定：

① 管材应选用不锈钢管、铜管等符合食品级要求的优质管材；

② 室内分户计量水表应采用直饮水水表，宜采用 IC 卡式、远传式等类型的直饮水水表；

③ 应采用直饮水专用水嘴；

④ 系统中宜采用与管道同种材质的管件及附配件。

5.0.16 建筑与小区管道直饮水系统供水末端为三个及以上水嘴串联供水时，宜采用局部环状管路，双向供水。

6. 系统计算与设备选择

6.0.1 系统最高日直饮水量应按下式计算

$$Q_d = Nq_d \qquad (6.0.1)$$

式中　Q_d——系统最高日直饮水量，L/d；

N——系统服务的人数，人；

q_d——最高日直饮水定额，L/(d·人)。

6.0.2 体育场馆、会展中心、航站楼、火车站、客运站等类型建筑的瞬时高峰用水量的计算应符合现行国家标准《建筑给水排水设计规范》(GB 50015)的规定；居住类及办公类建筑瞬时高峰用水量，应按下式计算：

$$q_s = mq_0 \tag{6.0.2}$$

式中　　q_s——瞬时高峰用水量，L/s；

　　　　q_0——水嘴额定流量，L/s；

　　　　m——瞬时高峰用水时水嘴使用数量。

6.0.3　瞬时高峰用水时水嘴使用数量应按下式计算：

$$P_n = \sum_{k=0}^{m} \binom{n}{k} p^k (1-p)^{n-k} \geqslant 0.99 \tag{6.0.3}$$

式中　　P_n——不多于 m 个水嘴同时用水的概率；

　　　　p——水嘴使用概率；

　　　　k——中间变量；

　　　　n——水嘴数量。

瞬时高峰用水时水嘴使用数量 m 计算应符合下列要求：

1）当水嘴数量 $n \leqslant 12$ 个时，应按附表 3-2 选取；

2）当水嘴数量 $n > 12$ 个时，可按附表 3-3 选取；

附表 3-2　水嘴数量不大于 12 个时瞬时高峰用水水嘴使用数量

水嘴数量 n/个	1	2	3~8	9~12
使用数量 m/个	1	2	3	4

3）当 $np \geqslant 5$ 且满足 $n(1-p) \geqslant 5$ 时，可按简化计算：

$$m = np + 2.33\sqrt{np(1-p)}$$

6.0.4　水嘴使用概率应按下式计算：

$$p = \frac{\alpha Q_d}{1800 n q_0} \tag{6.0.4}$$

式中　　α——经验系数，住宅楼、公寓取 0.22，办公楼、会展中心、航站楼、火车站、客运站取 0.27，教学楼、体育场馆取 0.45，旅馆、医院取 0.15。

6.0.5　定时循环时，循环流量可按下式计算：

$$q_x = \frac{V}{T_1} \tag{6.0.5}$$

式中　　q_x——循环流量，L/h；

　　　　V——循环系统的总容积，L，包括供回水管网和净水水箱容积；

　　　　T_1——循环时间，h，不宜超过 4h。

附表 3-3　水嘴数量 12 个以上时瞬时高峰用水时水嘴使用数 m 取值

单位：个

n＼p	0.010	0.015	0.020	0.025	0.030	0.035	0.040	0.045	0.050	0.055	0.060	0.065	0.070	0.075	0.080	0.085	0.090	0.095	0.10
25	—	—	—	—	—	4	4	4	4	5	5	5	5	5	6	6	6	6	6
50	—	—	4	4	5	5	6	6	7	7	7	8	8	9	9	9	10	10	10
75	—	4	5	6	6	7	8	8	9	9	10	10	11	11	12	13	13	14	14
100	4	5	6	7	8	8	9	10	11	11	12	13	13	14	15	16	16	17	18
125	4	6	7	8	9	10	11	12	13	13	14	15	16	17	18	18	19	20	21
150	5	6	8	9	10	11	12	13	14	15	16	17	18	19	20	21	22	23	24
175	5	7	8	10	11	12	14	15	16	17	18	20	21	22	23	24	25	26	27
200	6	8	9	11	12	14	15	16	18	19	20	22	23	24	25	27	28	29	30
225	6	8	10	12	13	15	16	18	19	21	22	24	25	27	28	29	31	32	34
250	7	9	11	13	14	16	18	19	21	23	24	26	27	29	31	32	34	35	37
275	7	9	12	14	15	17	19	21	23	25	26	28	30	31	33	35	36	38	40
300	8	10	12	14	16	18	21	22	24	25	28	30	32	34	36	37	39	41	43
325	8	11	13	15	18	20	22	24	26	28	30	32	34	36	38	40	42	44	46
350	8	11	14	16	19	21	23	25	28	30	32	34	36	38	40	42	45	47	49
375	9	12	14	17	20	22	24	27	29	32	34	36	38	41	43	45	47	49	52
400	9	12	15	18	21	23	26	28	31	33	36	38	40	43	45	48	50	52	55
425	10	13	16	19	22	24	27	60	32	35	37	40	43	45	48	50	53	55	57
450	10	13	17	20	23	25	28	31	34	37	39	42	45	47	50	53	55	58	60
475	10	14	17	20	24	27	30	33	35	38	41	44	47	50	52	55	58	61	63
500	11	14	18	21	25	28	31	34	37	40	43	46	49	52	55	58	60	63	66

注：用函值法求得 m。

6.0.6 供回水管道内水流速度宜符合附表 3-4 的规定。

附表 3-4　供回水管道内水流速度

管道公称直径/mm	水流速度/(m/s)
≥32	1.0～1.5
<32	0.6～1.0

6.0.7 流出节点的管道有 2 个及以上水嘴且使用概率不一致时，可按其中的一个概率值计算，其他概率值不同的管道，其负担的水嘴数量需经过折算再计入节点上游管段负担的水嘴数量之和。折算数量应按下式计算：

$$n_e = \frac{np}{p_e} \tag{6.0.7}$$

式中　n_e——水嘴折算数量；

　　　p_e——新的计算概率值。

6.0.8 净水设备产水量可按下式计算：

$$Q_j = \frac{1.2Q_d}{T_2} \tag{6.0.8}$$

式中　Q_j——净水设备的产水量，L/h；

　　　T_2——最高日设计净水设备累计工作时间，h，可取 10～16h。

6.0.9 变频调速供水系统水泵应符合下列规定：

① 水泵设计流量 Q_b 应按下式计算：

$$Q_b = q_s \tag{6.0.9-1}$$

式中　Q_b——水泵设计流量，L/s；

　　　q_s——瞬时高峰用水量，L/s。

② 水泵设计扬程应按下式计算：

$$H_b = h_0 + Z + \sum h \tag{6.0.9-2}$$

式中　H_b——水泵设计扬程，m；

　　　h_0——最低工作压力，m；

　　　Z——最不利水嘴与净水箱（槽）最低水位的几何高差，m；

　　　$\sum h$——最不利水嘴到净水箱（槽）的管路总水头损失，m。其计算应符合现行国家标准《建筑给水排水设计规范》（GB 50015）的规定。

6.0.10 净水箱（槽）有效容积可按下式计算：

$$V_j = k_j Q_d \qquad (6.0.10)$$

式中　V_j——净水箱（槽）有效容积，L；

　　　　k_j——容积经验系数，一般取 0.3～0.4。

6.0.11　原水调节水箱（槽）容积可按下式计算：

$$V_y = 0.2 Q_d \qquad (6.0.11)$$

式中　V_y——原水调节水箱（槽）容积，L。

6.0.12　原水水箱（槽）的进水管管径宜按净水设备产水量设计，并应根据反洗要求确定水量。当进水管的供水能力满足预处理的流量和压力要求时，原水水箱（槽）可不设置。

7. 净水机房

7.0.1　净水机房应保证通风良好。通风换气次数不应小于 8 次/h，进风口应远离污染源。

7.0.2　净水机房应有良好的采光或照明，工作面混合照度不应小于 200lx，检验工作场所照度不应小于 540lx，其他场所照度不应小于 100lx。

7.0.3　净水设备宜按工艺流程进行布置，同类设备应相对集中布置。机房上方不应设置卫生间、浴室、盥洗室、厨房、污水处理间等。除生活饮用水以外的其他管道不得进入净水机房。

7.0.4　净水机房的隔振防噪设计，应符合现行国家标准《民用建筑隔声设计规范》（GB 50118）的规定。

7.0.5　净水机房应满足生产工艺的卫生要求，并应符合下列规定：

　　① 应有更换材料的清洗、消毒设施和场所；

　　② 地面、墙壁、吊顶应采用防水、防腐、防霉、易消毒、易清洗的材料铺设；

　　③ 地面应设间接排水设施；

　　④ 门窗应采用不变形、耐腐蚀材料制成，应有锁闭装置，并应设有防蚊蝇、防尘、防鼠等措施。

7.0.6　净水机房应配备空气消毒装置。当采用紫外线空气消毒时，紫外线灯应按 1.5W/m³ 吊装设置，距地面宜为 2m。

7.0.7　净水机房宜设置更衣室，室内宜设有衣帽柜、鞋柜等更衣设施及洗手盆。

7.0.8　净水机房应配备主要检测项目的检测设备，宜设置化验室；宜安装水质在线监测系统，设置水质监测点。

7.0.9　净水箱（罐）的设置应符合下列规定：

　　① 不应设置溢流管；

　　② 应设置空气呼吸阀。

7.0.10　饮用净水化学处理剂应符合现行国家标准《饮用水化学处理剂卫生安全性评价》

（GB/T 17218）的规定。

7.0.11 净水处理设备的启停应由水箱中的水位自动控制。

7.0.12 净水机房内消毒设备采用臭氧消毒时，应设置臭氧尾气处理装置。

8. 水质检验

8.0.1 建筑与小区管道直饮水系统应进行日常供水水质检验。水质检验项目及频率应符合附表 3-5 的规定。

附表 3-5　水质检验项目及频率

检验频率	日检	周检	年检	备注
检验项目	浑浊度； pH 值； 耗氧量（未采用纳滤、反渗透技术） 余氯； 臭氧（适用于臭氧消毒）； 二氧化氯（适用于二氧化氯消毒）	细菌总数； 总大肠菌群； 粪大肠菌群； 耗氧量（采用纳滤、反渗透技术）	现行行业标准《饮用净水水质标准》（CJ 94）全部项目	必要时另增加检验项目

注：日常检查中可使用在线监测设备，实时监控水质变化，对水质的突然变化作出预警。

8.0.2 水样采集点设置及数量应符合下列规定：

① 日、周检验项目的水样采样点应设置在建筑与小区管道直饮水供水系统原水入口处、处理后的产品水总出水点、用户点和净水机房内的循环回水点；

② 系统总水嘴数不大于 500 个时应设 2 个采样点；500～2000 个时，每 500 个应增加 1 个采样点；大于 2000 个时，每增加 1000 个应增加 1 个采样点。

8.0.3 当遇到下列四种情况之一时，应分别按现行行业标准《饮用净水水质标准》（CJ 94）的全部项目进行检验：

① 新建、扩建、改建的建筑与小区管道直饮水工程；

② 原水水质发生变化；

③ 改变水处理工艺；

④ 停产 30d 后重新恢复生产。

8.0.4 检验报告应全面、准确、清晰，并应存档。

9. 控制系统

9.0.1 建筑与小区管道直饮水制水和供水系统宜设手动和自动控制系统。控制系统运行应安全可靠，应设置故障停机、故障报警装置，并宜实现无人值守、自动运行。

9.0.2 水处理系统配备的检测仪表应符合下列规定：

① 应配备水量、水压、液位等实时检测仪表；

② 根据水处理工艺流程的特点，宜配置水温、pH 值、余氯、余臭氧、余二氧化氯等检测仪表；

③ 宜设有 SDI 仪测量口及 SDI 仪。

9.0.3　宜选择配置水质在线监测系统，并监测浑浊度、pH 值、总有机碳、余氯、二氧化氯、重金属等指标。

9.0.4　净水机房监控系统中应有各设备运行状态和系统运行状态指示或显示，应依照工艺要求按设定的程序进行自动运行。

9.0.5　监控系统宜能显示各运行参数，并宜设水质实时检测网络分析系统。

9.0.6　净水机房电控系统中应对缺水、过压、过流、过热、不合格水排放等问题有保护功能，并应根据反馈信号进行相应控制、协调系统的运行。

10. 施工安装

10.1　一般规定

10.1.1　施工安装前应具备下列条件：

①　施工图及其他设计文件应齐全，并已进行设计交底；

②　施工方案或施工组织设计已批准；

③　施工力量、施工场地及施工机具等能保证正常施工；

④　施工人员应经过相应的安装技术培训。

10.1.2　管道敷设应符合国家现行标准《薄壁不锈钢管道技术规范》（GB/T 29038）和《建筑给水金属管道工程技术规程》（CJJ/T 154）的相关规定。

10.1.3　当管道或设备质量有异常时，应在安装前进行技术鉴定或复检。

10.1.4　施工安装应符合图纸要求，并应符合国家现行标准《薄壁不锈钢管道技术规范》（GB/T 29038）和《建筑给水金属管道工程技术规程》（CJJ/T 154）的施工要求，不得擅自修改工程设计。

10.1.5　同一工程应安装同类型的设施或管道配件，除有特殊要求外，应采用相同的安装方法。

10.1.6　不同的管材、管件或阀门连接时，应使用专用的转换连接件。

10.1.7　管道安装前，管内外和接头处应清洁，受污染的管材和管件应清理干净；安装过程中严禁杂物及施工碎屑落入管内；施工后应及时对敞口管道采取临时封堵措施。

10.1.8　丝扣连接时，宜采用聚四氟乙烯生料带等材料，不得使用厚白漆、麻丝等可能对水质产生污染的材料。

10.1.9　系统控制阀门应安装在易于操作的明显部位，不得安装在住户内。

10.2　管道敷设

10.2.1　室外埋地管道的覆土深度，应根据各地区土壤冰冻深度、车辆荷载、管道材质及管道交叉等因素确定，管道最小覆土深度不得小于土壤冰冻线以下 0.15m，行车道下的管道覆土深度不宜小于 0.7m。

10.2.2　室外埋地管道管沟的沟底应为原土层，或为夯实的回填土，沟底应平整，不得有突出的尖硬物体。沟底土壤的颗粒径大于 12mm 时宜铺 100mm 厚的砂垫层。管周回填土不得夹杂硬物直接与管壁接触。应先用砂土或颗粒径不大于 12mm 的土壤回填至管顶上侧 300mm 处，经夯实后方可回填原土。

10.2.3　埋地金属管道应做防腐处理。

10.2.4　建筑物内埋地敷设的直饮水管道与排水管之间平行埋设时净距不应小于 1m；交叉埋设时净距不应小于 0.15m，且直饮水管应在排水管的上方。

10.2.5　建筑物内埋地敷设的直饮水管道埋深不宜小于 300mm。

10.2.6　架空管道绝热保温应采用橡塑泡棉、离心玻璃棉、硬聚氨酯、复合硅酸镁等材料。

10.2.7　室内明装管道宜在建筑装修完成后进行。

10.2.8　室内直饮水管道与热水管上下平行敷设时应在热水管下方。

10.2.9　直饮水管道不得敷设在烟道、风道、电梯井、排水沟、卫生间内。直饮水管道不宜穿越橱窗、壁柜。

10.2.10　直埋暗管封闭后，应在墙面或地面标明暗管的位置和走向。

10.2.11　减压阀组的安装应符合下列规定：

① 减压阀组应先组装、试压，在系统试压合格后安装到管道上；

② 可调式减压阀组安装前应进行调压，并调至设计要求压力。

10.2.12　水表安装应符合现行国家标准《饮用冷水水表和热水水表　第 2 部分：试验方法》（GB/T 778.2）的规定，外壳距墙壁净距不宜小于 10mm，距上方障碍物不宜小于 150mm。

10.2.13　管道支、吊架的安装应符合下列规定：

① 管道支、吊架的安装应符合国家现行标准《薄壁不锈钢管道技术规范》（GB/T 29038）和《建筑给水金属管道工程技术规程》（CJJ/T 154）的相关规定；

② 管道安装时应按不同管径和要求设置管卡或吊架，位置应准确，埋设应平整，管卡与管道接触应紧密，且不得损伤管道表面；

③ 同一工程中同层的管卡安装高度应在同一平面。

10.3　设备安装

10.3.1　净水设备的安装应按工艺要求进行。在线仪表安装位置和方向应正确，不得少装、漏装。

10.3.2　筒体、水箱、滤器及膜的安装方向应正确，位置应合理，并应满足正常运行、换料、清洗和维修要求。

10.3.3　设备与管道的连接及可能需要拆换的部分应采用活接头连接方式。

10.3.4　设备排水应采取间接排水方式，不应与排水管道直接连接，出口处应设防护网罩。

10.3.5　设备、水泵等应采取可靠的减振装置，其噪声应符合现行国家标准《民用建筑隔声设计规范》（GB 50118）的规定。

10.3.6　设备中的阀门、取样口等应排列整齐，间隔均匀，不得渗漏。

10.4　施工安全

10.4.1　使用电动切割工具连接管道时应符合现行行业标准《施工现场临时用电安全技术规范》(JGJ 46)的规定。

10.4.2　已安装的管道不得作为拉攀、吊架等使用。

10.4.3　净水设备的电气安全应符合现行国家标准《电气装置安装工程 低压电器施工及验收规范》(GB 50254)和《建筑电气工程施工质量验收规范》(GB 50303)的规定。

11.　工程验收

11.1　管道试压

11.1.1　管道安装完成后，应分别对室内及室外管段进行水压试验。水压试验必须符合设计要求。不得用气压试验代替水压试验。

11.1.2　当设计未注明时，各种材质的管道系统试验压力应为管道工作压力的 1.5 倍。且不得小于 0.60 MPa。暗装管道应在隐蔽前进行试压及验收。

11.1.3　金属管道系统在试验压力下观察 10min，压力降不应大于 0.02MPa。降到工作压力后进行检查，管道及各连接处不得渗漏。

11.1.4　水罐（箱）应做满水试验。

11.2　清洗和消毒

11.2.1　建筑与小区管道直饮水系统试压合格后应对整个系统进行清洗和消毒。

11.2.2　直饮水系统冲洗前，应对系统内的仪表、水嘴等加以保护，并应将有碍冲洗工作的减压阀等部件拆除，用临时短管代替，待冲洗后复位。

11.2.3　直饮水系统应采用自来水进行冲洗。冲洗水流速宜大于 2m/s，冲洗时应保证系统中每个环节均能被冲洗到。系统最低点应设排水口，以保证系统中的冲洗水能完全排出。清洗后，冲洗出口处（循环管出口）的水质应与进水水质相同。

11.2.4　直饮水系统较大时，应利用管网中设置的阀门分区、分幢、分单元进行冲洗。

11.2.5　用户支管部分的管道使用前应再进行冲洗。

11.2.6　直饮水系统经冲洗后，应采用消毒液对管网灌洗消毒。消毒液可采用含 20～30mg/L 的游离氯溶液，或其他合适的消毒液。

11.2.7　循环管出水口处的消毒液浓度应与进水口相同，消毒液在管网中应滞留 24h以上。

11.2.8　管网消毒后，应使用直饮水进行冲洗，直至各用水点出水水质与进水口相同为止。

11.2.9　净水设备的调试应根据设计要求进行。净水设备应经清洗后才能正式通水运行；设备连接管道等正式使用前应进行清洗消毒。

11.3　验收

11.3.1　建筑与小区管道直饮水系统安装及调试完成后，应进行验收。系统验收应符合下列规定：

① 工程施工质量应按现行国家标准《建筑给水排水及采暖工程施工质量验收规范》（GB 50242）及《建筑工程施工质量验收统一标准》（GB 50300）的规定进行验收。

② 机电设备安装质量应按照国家现行标准《施工现场临时用电安全技术规范》（JGJ 46）、《电气装置安装工程 低压电器施工及验收规范》（GB 50254）和《建筑电气工程施工质量验收规范》（GB 50303）的规定进行验收。

③ 水质验收应经卫生监督管理部门检验，水质应符合现行行业标准《饮用净水水质标准》（CJ 94）的规定。水质采样点应符合本规程第 8.0.2 条的规定。

11.3.2　竣工验收应包括下列内容：

① 系统的通水能力检验，按设计要求同时开放的最大数量的配水点应全部达到额定流量；

② 循环系统的循环水应顺利回至机房水箱内，并应达到设计循环流量；

③ 系统各类阀门的启闭应灵活，仪表指示应灵敏；

④ 系统工作压力应正确；

⑤ 管道支、吊架安装位置应正确和牢固；

⑥ 连接点或接口的整洁、牢固和密封性；

⑦ 控制设备中各按钮的灵活性，显示屏显示字符清晰度；

⑧ 净水设备的产水量应达到设计要求；

⑨ 当采用臭氧消毒时，净水机房内空气的臭氧浓度应符合现行国家标准《室内空气质量标准》（GB/T 18883）的规定。

11.3.3　系统竣工验收合格后施工单位应提供下列文件资料：

① 施工图、竣工图及设计变更资料；

② 管材、管件及主要管道附件的产品质量保证书；

③ 管材、管件及设备的省、直辖市级及以上的卫生许可批件；

④ 隐蔽工程验收和中间试验记录；

⑤ 水压试验和通水能力检验记录；

⑥ 管道清洗和消毒记录；

⑦ 工程质量事故处理记录；

⑧ 工程质量检验评定记录；

⑨ 卫生监督部门出具的水质检验合格报告。

11.3.4　验收合格后应将有关设计、施工及验收的文件立卷归档。

12. 运行维护和管理

12.1　一般规定

12.1.1　净水站应制定管理制度，岗位操作人员应具备健康证明，并应经专业培训合格后才能上岗。

12.1.2 运行管理人员应熟悉直饮水系统的水处理工艺和所有设施、设备的技术指标和运行要求。

12.1.3 化验人员应了解直饮水系统的水处理工艺，熟悉水质指标要求和水质项目化验方法。

12.1.4 生产运行、水质检测应制定操作规程。操作规程应包括操作要求、操作程序、故障处理、安全生产和日常保养维护要求等。

12.1.5 生产运行应有运行记录，宜包括交接班记录、设备运行记录、设备维护保养记录、管网维护维修记录和用户维修服务记录。

12.1.6 水质检测应有检测记录，宜包括日检记录、周检记录和年检记录等。

12.1.7 故障事故时应有故障事故记录。

12.1.8 生产运行应有生产报表，水质监测应有监测报表，服务应有服务报表和收费报表，包括月报表和年报表。

12.2 室外管网和设施维护

12.2.1 应定期巡视室外埋地管网及架空管网线路，管网沿线应无异常情况，应及时消除影响输水安全的因素。

12.2.2 应定期检查阀门井，井盖不得缺失，阀门不得漏水，并应及时补充、更换。

12.2.3 应定期检测平衡阀工况，出现变化应及时调整。

12.2.4 应定期分析供水情况，发现异常时应及时检查管网及附件，并排除故障。

12.2.5 当发生埋地管网及架空管网爆管情况时，应迅速停止供水并关闭所有楼栋供回水阀门，从室外管网泄水口将水排空，然后进行维修。维修完毕后，应对室外管道进行试压、冲洗和消毒，并应符合本规程第 11.1 节和第 11.2 节的规定后，才能继续供水。

12.3 室内管道维护

12.3.1 应定期检查室内管网，供水立管、上下环管不得有漏水或渗水现象，发现问题应及时处理。

12.3.2 应定期检查减压阀工作情况，记录压力参数，发现压力异常时应及时查明原因并调整。

12.3.3 应定期检查自动排气阀工作情况，出现问题应及时处理。

12.3.4 室内管道、阀门、水表和水嘴等，严禁遭受高温或污染，避免碰撞和坚硬物品的撞击。

12.4 运行管理

12.4.1 操作人员应严格按操作规程要求进行操作。

12.4.2 运行人员应对设备的运行情况及相关仪表、阀门进行经常性检查，并应做好设备运行记录和设备维修记录。

12.4.3 应按照设备维护保养规程定期对设备进行维护保养。

12.4.4　设备的易损配件应齐全，并应有规定量的库存。

12.4.5　设备档案、资料应齐全。

12.4.6　应根据原水水质、环境温度、湿度等实际情况，经常调整消毒设备参数。

12.4.7　当采用定时循环工艺时，循环时间宜设置在用水量低峰时段。

12.4.8　在保证细菌学指标的前提下，宜降低消毒剂投加量。

12.4.9　每半年应对系统的管路和水箱进行一次清洗和浸泡，并应符合本规程第 11.1 节和第 11.2 节的规定。